张 瑜 著

海南岛

（新增Ⅰ）

豆科植物资源种子图鉴

中国农业出版社

北 京

图书在版编目（CIP）数据

海南岛豆科植物资源种子图鉴：新增. I / 张瑜，黄春琼, 董荣书主编. -- 北京：中国农业出版社，2025.8. -- ISBN 978-7-109-33401-4

Ⅰ. S520.24-64

中国国家版本馆CIP数据核字第202534GP62号

中国农业出版社出版

地址：北京市朝阳区麦子店街18号楼
邮编：100125
责任编辑：丁瑞华　魏兆猛
版式设计：王　晨　　责任校对：吴丽婷　　责任印制：王　宏
印刷：中农印务有限公司
版次：2025年8月第1版
印次：2025年8月北京第1次印刷
发行：新华书店北京发行所
开本：880mm×1230mm　1/32
印张：5
字数：145千字
定价：58.00元

编　委　会

前言
FOREWORD

APG Ⅳ系统是由APG（"被子植物系统发生研究组"的英文Angiosperm Phylogeny Group的缩写）建立的被子植物分类系统的第四版，于2016年发表在《林奈学会植物学报》（*Botanical Journal of the Linnean Society*）上[1]，是一个基本建立在分子系统发生研究之上的现代被子植物分类系统。APG Ⅳ系统共有64个目，416个科。国际植物分类学界有不少人推荐用APG Ⅳ系统代替传统分类系统，作为学术研究和科学传播的基础工具和交流框架。本书按照APG Ⅳ系统对海南岛豆科植物进行排列，便于应用和教学。

（基于APG Ⅳ系统）	
	生物 Vitae
域	真核域 Eukaryota

[1]Angiosperm Phylogeny Group.An update of the Angiosperm Phylogeny Group classification for the orders and families of flowering plants: APG Ⅳ. Botanical Journal of the Linnean Society，2016，181（1）:1–20.

（续）

（基于APG Ⅳ系统）
总界   多貌总界 Diaphoretickes
界   植物界 Plantae
亚界   绿色植物亚界 Viridiplantae
总门   有胚植物总门 Embryophyta
门   木贼门 Equisetophyta （维管植物）
亚门   木兰亚门 Magnoliophytina （种子植物）
纲   木兰纲 Magnoliopsida （被子植物）
亚纲   蔷薇亚纲 Rosidae
超目   蔷薇超目 Rosanae
演化支   固氮分支 nitrogen-fixing clade
目   豆目 Fabales
科   豆科 Fabaceae （=Leguminosae）

豆科有819属，19 325～19 560种。我国有172属，1 485种13亚种153变种。本科为被子植物中仅次于菊科及兰科的三个最大的科之一，分布极为广泛，生长环境各式各样，无论平原、高山、荒漠、森林、草原直至水域，几乎都可见到豆科植物的踪迹。本科分为6个亚科，紫荆亚科（Cercidoideae）、甘豆亚科（Detarioideae）、山姜豆亚科（Duparquetioideae）、酸榄豆亚科（Dialioideae）、云实亚科（Caesalpinioideae）和蝶形花亚科（Papilionoideae）。本书中未录入甘豆亚科和山姜豆亚科植物。

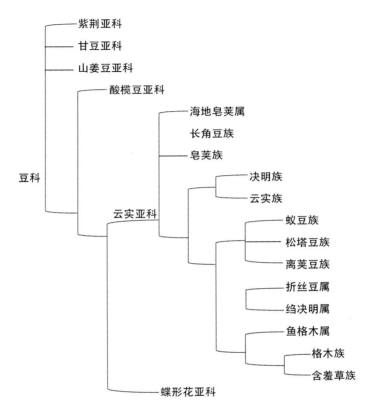

随着生态学与植物学研究的不断深入，海南岛这一独特地理位置上的豆科植物资源逐渐引起了国内外学者的广泛关注。为了更全面、准确地反映海南岛豆科植物资源的现状，本书对2020年首次出版的《海南岛豆科植物资源种子图鉴》进行了一次重要的增补与深化，它不仅是对原有内容的补充，更是对海南岛豆科植物资源的又一次全面梳理与深入探索。此次增补版共记录了豆科植物中的68个属，涵盖了142个不同种类的珍贵资源，为读者呈现了一个更为丰富、详尽的海南岛豆科植物资源库。

　　对于每一种豆科植物，本书都进行了详细的描述，包括其生活类型、生长环境、国内外分布、经济价值、濒危等级等，使读者能够对其有更深入的了解。书中配以大量的种子高清图片，展示了海南岛豆科植物的种子特征，为读者提供了更为直观的学习与研究资料。本书的编写过程严格遵循科学原则，确保所记录信息的准确性和可靠性，为读者提供了权威的学术参考。通过对海南岛豆科植物资源的全面梳理，本书为相关产业的开发提供了丰富的资料储备，有助于推动当地经济的可持续发展。

　　综上所述，本书作为对《海南岛豆科植物资源种子图鉴》的一次重要增补，不仅丰富了海南岛豆科植物资源的种子研究内容，更为相关领域的学术研究、生态保护与资源开发提供了有力的支持。

编　者

2025年1月

目　录
CONTENTS

前言

1 紫荆亚科 Subfam. Cercidoideae Azani & al. (2017)

本书介绍羊蹄甲属*Bauhinia* L.和首冠藤属*Cheniella* R.Clark & Mackinder的4个种。

羊蹄甲属 *Bauhinia* L.

由法国植物学家夏尔·普吕米耶命名，用于纪念瑞士植物学家鲍欣兄弟［即让·鲍欣（Jean Bauhin，1541—1613）和加斯帕尔·鲍欣（Gaspard Bauhin，1560—1624）］。林奈则在《克利福德园》中明确写道，这是"因为其叶二裂，或为二叶，彼此合生，且同出一基，仿佛兄弟"。此名后来又由林奈在1753年正式发表，因此常被误当成由林奈亲自命名的属名。

本属约有200种，遍布于世界热带地区。我国有40种，4亚种，11变种，主产于南部和西南部；海南有15种和2变种。本书介绍红花羊蹄甲*B.* × *blakeana* Dunn、宫粉羊蹄甲*B. variegata* L.和绿花羊蹄甲*B. viridescens* Desv. 3种。

1.1 红花羊蹄甲 *Bauhinia* × *blakeana* Dunn

中文别名：红花紫荆、紫荆花。
拉丁异名：*Bauhinia blakeana*。
生活类型：乔木。
种子特征：扁椭圆形，红褐色；长约1.2厘米，宽约1.0厘米；千粒重236.6克。

国内分布：华南地区广泛栽植；海南海口亦有栽培。
国外分布：世界各地广泛栽植。
经济价值：观赏植物。

1.2 宫粉羊蹄甲 *Bauhinia variegata* L.

中文别名：宫粉紫荆、弯叶树、红紫荆、羊蹄甲、洋紫荆（广州）。

拉丁异名：*Phanera variegata*、*Bauhinia variegata* var. *chinensis*、*Bauhinia variegata* var. *variegate*。

生活类型：落叶乔木。

种子特征：近圆形，褐色；扁平；直径约1.2厘米。

国内分布：我国南部；海南海口有栽培。

国外分布：印度、中南半岛。

经济价值：良好的观赏及蜜源植物；木材坚硬，可作农具；树皮含单宁；根皮用水煎服可治消化不良；花芽、嫩叶和幼果可食。

1.3 绿花羊蹄甲 *Bauhinia viridescens* Desv.

中文别名：白枝羊蹄甲。

拉丁异名：*Bauhinia viridecens*、*Bauhinia viridescens* var. *laui*、*Bauhinia polycarpa*、*Bauhinia timorana*、*Bauhinia baviensis*、*Bauhinia laui*、*Bauhinia viridescens* var. *baviensis*。

生活类型：直立灌木。

种子特征：椭圆形，绿棕色；扁平；长约7.0毫米，宽约4.0毫米；千粒重45.3克。

国内分布：云南南部（西双版纳）；海南三亚、乐东、东方、昌江等地。

国外分布：中南半岛、帝汶岛。

濒危等级：无危（LC）。

2mm

4mm

2mm

首冠藤属 *Cheniella* R. Clark & Mackinder

本属中文名"首冠藤属"直接采用自本属模式种首冠藤（*C. corymbosa*）的中文名。本属尚有别名"德昭藤属"，为纪念中国植物学家陈德昭（Te Chao Chen，1926—2023）。但因"首冠藤"之名被使用历史较为悠久，且适合作为本属之属名，因此未更改。

本属有16种，分布于中国南部至西南部、中南半岛、南亚和马来西亚，分布中心在中国广东、广西和云南。本书介绍粉叶首冠藤 *C. glauca*（Benth.）R. Clark & Mackinder 1种。

1.4 粉叶首冠藤 *Cheniella glauca*（Benth.）R. Clark & Mackinder

中文别名： 拟粉叶羊蹄甲（《中国主要植物图说·豆科》）、粉叶羊蹄甲、粉叶德昭藤。

拉丁异名： *Bauhinia glauca*、*Bauhinia glauca* subsp. *pernervosa*、*Bauhinia glauca* subsp. *hupehana*、*Bauhinia glauca* subsp. *caterviflora*、*Phanera glauca*、*Bauhinia viridiflora*、*Bauhinia paraglauca*。

生活类型： 木质藤本。

种子特征： 卵形，红褐色；极扁平；长约1.0厘米，宽约0.5厘米；千粒重49.7克。

国内分布： 广东、广西、江西、湖南、贵州、云南。

国外分布： 印度、中南半岛、印度尼西亚。

生　　境： 山坡阳处疏林中或山谷荫蔽的密林或灌丛中。

2 酸榄豆亚科 Subfam. Dialioideae Azani & al.（2017）

本书介绍任豆属 *Zenia* Chun 的 1 个种。

任豆属 *Zenia* Chun

中文别名翅荚豆属。

本属仅有 1 种。分布于广东和广西。本书介绍任豆 *Z. insignis* Chun 1 种。

2.1 任豆 *Zenia insignis* Chun

中文别名：任木、翅荚木、翅荚豆。

生活类型：乔木，高 15 ~ 20 米。

种子特征：圆形，绿棕色或棕黑色；平滑，有光泽；长 6.3 毫米，宽 5.5 毫米；千粒重 70.9 克。

国内分布：广东、广西。

国外分布：越南。

生　　境：海拔 200 ~ 950 米的山地密林或疏林中。

经济价值：嫩枝、嫩叶可作饲料；优质木材；叶可作稻田绿肥或沤制堆肥；优良的薪炭树种。

濒危等级：易危（VU）。

6.5mm

0.6cm 0.55cm 0.55cm

3 云实亚科 Subfam. Caesalpinioideae DC.（1825）

本书介绍决明属 *Senna* Mill.、山扁豆属 *Chamaecrista* Moench、老虎刺属 *Pterolobium* R. Br. ex Wight & Arn.、盾柱木属 *Peltophorum* (Vogel) Benth.、合欢草属 *Desmanthus* Willd.、象耳豆属 *Enterolobium* Mart.、含羞草属 *Mimosa* L.、合欢属 *Albizia* Durazz.、相思树属 *Acacia* Mill. 的16种，1变种。

决明属 *Senna* Mill.

中文别名番泻决明属。

本属有280余种，分布于全世界热带和亚热带地区，少数分布至温带地区；我国原产10余种，包括引种栽培的共20余种，广布于南北各省区。本书介绍双荚决明 *S. bicapsularis* (L.) Roxb、毛荚决明 *S. hirsuta* (L.) H. S. Irwin & Barneby 和钝叶决明 *S. obtusifolia* (L.) H. S. Irwin & Barneby 3种。

3.1 双荚决明 *Senna bicapsularis* (L.) Roxb.

中文别名：金边黄槐、双荚黄槐、腊肠仔树。

拉丁异名：*Cassia bicapsularis*、*Diallobus bicapsularis*、*Cathartocarpus bicapsularis*、*Cassia sennoides*、*Adipera bicapsularis*、*Cassia limensis*。

生活类型：直立灌木。

种子特征：斜卵形，黄棕色、红棕色或褐色；表皮光滑，有光
泽；长约5.5毫米，宽约4.0毫米；千粒重25.5克。

国内分布：广东、广西。

国外分布：原产于美洲热带地区，现广布于世界热带地区。

经济价值：绿肥、绿篱及观赏植物。

3.2 **毛荚决明** *Senna hirsuta* (L.) H. S. Irwin & Barneby

中文别名：毛决明。

拉丁异名：*Cassia hirsuta*、*Ditremexa hirsuta*。

生活类型：灌木，高0.6 ～ 2.5米。

种子特征：近圆饼形，棕色；正面中心有条黑色纹；直径约
2.5毫米，高约1.6毫米；千粒重7.1克。

国内分布：栽培于广东，云南德宏自治州和西双版纳有逸为
野生的。

国外分布：老挝、越南。

经济价值：观赏植物；籽荚和叶可食用；种子用作咖啡替代
品；种子、叶和根可药用。

0.2cm

2mm

0.2cm

3.3 钝叶决明 *Senna obtusifolia* (L.) H. S. Irwin & Barneby

中文别名：草决明。

拉丁异名：*Senna tora* var. *obtusifolia*、*Cassia obtusifolia*。

生活类型：直立亚灌木状草本。

种子特征：菱状，形多样，一端具明显突出的角状体，有光泽；种皮常具不规则裂纹，两侧斜对角各具一稍弯曲的黄色带状条纹，种脐在角状体顶端一侧，椭圆形，两侧隆起，下端延伸为角状体的圆形尖端，上部具一长的脐条，直达种子另一端的种瘤处；长约0.5厘米，宽约0.3厘米；千粒重25.3克。

国内分布：北京、福建、湖北、江苏、浙江、河北。

0.3cm

2mm

0.6cm

9

国外分布：原产于北美洲东南部。

生　　境：生于潮湿或略微干燥排水良好的土壤中。

入侵级别：3级。

经济价值：嫩叶和嫩果可食；可代作决明子，有清肝明目、利水通便之功效。

山扁豆属 *Chamaecrista* Moench

来自近代植物学界为本属一些种所起的拉丁名称"*Chamae Crista pavonis*"。*Crista pavonis*（意为"孔雀头冠"）本为近代植物学界为洋金凤（*Caesalpinia pulcherrima*）所起的拉丁指称；因为山扁豆属这些种与洋金凤形似，但为植株较矮的一年生植物，故在 *Crista pavonis* 之前再加前缀 chamae- [来自古希腊语词 χαμαί（*khamaí*，意为"在地上"）]。

本属大约有300种，大部分原产于美洲，有少数原产于亚洲热带地区。我国产十几种；海南有12种和1个变种。本书介绍大叶山扁豆 *C. leschenaultiana* (DC.) O. Deg.、山扁豆 *C. nictitans* (L.) Moench、豆茶山扁豆 *C. nomame* (Siebold) H. Ohashi 和圆叶山扁豆 *C. rotundifolia* (Pers.) Greene 4种。

3.4 大叶山扁豆 *Chamaecrista leschenaultiana* (DC.) O. Deg.

中文别名：短叶决明、牛旧藤、地油甘。

拉丁异名：*Cassia leschenaultiana*、*Cassia wallichiana*、*Chamaecrista lechenaultiana*、*Cassia mimosoides* subsp. *lechenaultiana*、*Cassia mimosoides* var. *wallichiana*、*Cassia patellaria* var. *glabrata*、*Cassia lechenaultiana*。

生活类型：一年生或多年生亚灌木状草本，高0.3～0.8米，有时可达1.0米。

种子特征：不规则长方形，红棕色；表皮光滑，有深棕色斑纹，长约3.5毫米，宽约2.0毫米；千粒重3.8克。

国内分布：安徽、江西、浙江、福建、台湾、广东、广西、贵州、云南、四川；海南各地常见。

国外分布：越南、缅甸、印度。

生   境：山地路旁的灌木丛或草丛中。

2mm

0.2cm

0.2cm

3.5 山扁豆 *Chamaecrista nictitans* (L.) Moench

中文别名：牛旧藤、含羞山扁豆、羽叶决明。

拉丁异名：*Chamaecrista mohrii*、*Chamaecrista aeschinomene*、*Cassia nictidans*、*Cassia multipinnata*、*Nictitella amena*、*Chamaecrista procumbens*、*Cassia aeschinomene*、*Cassia aspera* var. *mohrii*、*Cassia chamaecrista* var. *nictitans*。

生活类型：多年生草本。

种子特征：不规则扁平，长方形，棕黑色或红棕色；表皮粗糙，有不规则凹坑，长约2.5毫米，宽约2.0毫米；千粒重4.2克。

国内分布：福建、广东、江西、海南等地广泛种植。

国外分布：原产于巴拉圭。
经济价值：饲草利用。

0.2cm

0.2cm

0.25cm

3.6 豆茶山扁豆 *Chamaecrista nomame* (Siebold) H. Ohashi

中文别名：豆茶决明、豆菜决明。
拉丁异名：*Cassia nomame*、*Soja nomame*、*Cassia mimosoides* subsp. *nomame*、*Cassia mimosoides* var. *nomame*、*Senna nomame*。
生活类型：一年生草本，株高30～60厘米。
种子特征：近菱形，褐色、红棕色；平滑，有黑色斑点；长约3.0毫米，宽约1.5毫米；千粒重3.5克。
国内分布：河北、山东、东北各地、浙江、江苏、安徽、江西、湖南、湖北、云南、四川。
国外分布：朝鲜、日本。
生　境：山坡和原野的草丛中。

12

3mm

2mm

3.7 圆叶山扁豆 *Chamaecrista rotundifolia*（Pers.）Greene

中文别名：圆叶决明。

拉丁异名：*Cassia pentandra*、*Cassia bifoliolata*、*Cassia rotundifolia*、*Cassia fabaginifolia*、*Cassia pentandria*、*Chamaecrista bifoliolata*、*Cassia rotundifolia*。

生活类型：多年生草本。

种子特征：扁平，方形，黄褐色；种皮坚硬；长约0.4厘米，宽约0.3厘米；千粒重4.1克。

国内分布：福建、广西、广东等南方地区推广种植。

国外分布：原产于美洲的巴拉圭、墨西哥、巴西、阿根廷等国。

经济价值：作为荒山和荒滩改造、生态果园套种、水土保持、改良土壤、观光农业园区的四季绿化优良草种。

3mm

0.4cm

0.3cm

13

老虎刺属 *Pterolobium* R. Br. ex Wight & Arn.

来自古希腊语词πτεϱόν（*pterón*，意为"羽毛，翅膀"）和λόβιον（*lóbion*，意为"豇豆荚"），指本属荚果具翅，呈翅果状。

本属全世界约有10种，分布于亚洲、非洲和大洋洲热带地区。我国有2种，产于华南、华中和西南地区；海南有1种。本书介绍老虎刺 *P. punctatum* Hemsl. 1种。

3.8 老虎刺 *Pterolobium punctatum* Hemsl.

中文别名：蚰蛇利（广东）、倒钩藤、石龙花（云南）、倒爪刺、蝉翼豆。

拉丁异名：*Pterolobium rosthornii*、*Pterolobium indicum*、*Cantuffa punctata*、*Caesalpinia aestivalis*。

生活类型：木质藤本或攀缘性灌木，高3～10米。

种子特征：椭圆形，棕绿色；扁平；长约9.0毫米，宽约5.0毫米；千粒重68.7克。

国内分布：广东、广西、云南、贵州、四川、湖南、湖北、江西、福建。

国外分布：老挝。

生　　境：海拔300～2 000米的山坡疏林阳处、路旁石山干旱地方及石灰岩山上。

经济价值：园林绿化植物；药用。

濒危等级：无危（LC）。

5mm

0.9cm

盾柱木属 *Peltophorum*（Vogel）Benth.

中文别名双翼豆属。

本属全世界约有7种。分布于斯里兰卡、安达曼群岛和马来群岛以及大洋洲南部等热带地区。我国产1种，引种1种；海南有1种。本书介绍盾柱木 *P. pterocarpum*（DC.）Baker ex K. Heyne 1种。

3.9 盾柱木 *Peltophorum pterocarpum*（DC.）Baker ex K. Heyne

中文别名：双翼豆（《中国主要植物图说·豆科》）、双翅果、铁槐、异果盾柱木。

拉丁异名：*Peltophorum roxburghii*、*Peltophorum inerme*、*Brasilettia ferruginea*、*Poinciana roxburghii*、*Caesalpinia ferruginea*、*Inga pterocarpa*、*Peltophorum ferrugineum*、*Caesalpinia inermis*。

生活类型：乔木，高4～15米。

种子特征：长条状，黄色或黄棕色；扁平；长约1.3厘米，宽约0.5厘米；千粒重43.0克。

国内分布：广州有栽培。

国外分布：越南、斯里兰卡、马来半岛、印度尼西亚、大洋洲北部。

5mm

2mm

合欢草属 *Desmanthus* Willd.

来自古希腊语词 δεσμός（*desmós*，意为"锁链，脚镣"）和 ἄνθος（*ánthos*，意为"花"），指本属两性花和中性花共同聚生为头状花序。

本属约有24种，主产于美洲的热带、亚热带地区，少数产于温带地区。我国广东引入栽培有1种。本书介绍合欢草 *D. pernambucanus* (L.) Thell. 1种。

3.10 合欢草 *Desmanthus pernambucanus* (L.) Thell.

中文别名：多枝合欢豆。

拉丁异名：*Mimosa pernambucana*、*Desmanthus diffusus*、*Acuan bahamense*、*Desmanthus virgatus* var. *strictus*。

生活类型：多年生亚灌木状草本，高0.5～1.3米。

种子特征：卵形至椭圆形，浅棕色或棕褐色；长2.5～3.0毫米，宽约2.0毫米；千粒重3.5克。

国内分布：我国广东南部、云南南部有引种。

国外分布：原产于美洲热带地区，现亚洲及非洲亦有分布。

经济价值：叶可作饲料；观赏植物。

象耳豆属 Enterolobium Mart.

来自古希腊语词 ἔντερον（*énteron*，意为"内脏，肠道"）和 λόβιον（*lóbion*，意为"豇豆荚"），指本属的荚果扭卷，边缘波状，表面有凹有凸，形状如肠。中文名"象耳豆属"亦是来自对本属植物荚果形状之描述，指本属植物荚果似象之耳。

本属有8种，产于美洲热带地区及西非。我国南部引入栽培的有1种。本书介绍象耳豆 *E. cyclocarpum* (Jacq.) Griseb. 1种。

3.11 象耳豆 *Enterolobium cyclocarpum* (Jacq.) Griseb.

中文别名：红皮象耳豆、圆果象耳豆。
拉丁异名：*Inga cyclocarpa*、*Mimosa cyclocarpa*、*Pithecellobium cyclocarpum*。
生活类型：落叶大乔木，高10～20米。
种子特征：长椭圆形，棕褐色；质硬，有光泽；长约1.5厘米，宽约1.0厘米。
国内分布：广东、广西、福建沿海、江西、浙江南部。

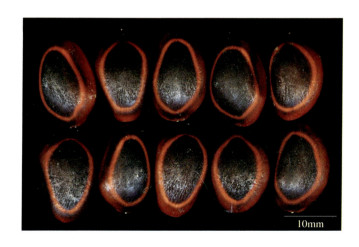

10mm

国外分布：原产于南美洲及中美洲，现世界热带地区各国多
　　　　　有引种栽培。

经济价值：本种生长迅速，枝叶广展，可作行道树及庭园绿
　　　　　化树种；嫩枝可作绿肥；树皮含单宁约15%，供
　　　　　硝皮或洗涤用；成熟的荚果亦供洗涤用。

含羞草属 *Mimosa* L.

由古典拉丁语词mimus［意为"哑剧"，来自古希腊语词 μῖμος（*mîmos*，意为"模仿者，演员"）］加上形容词后缀 -osus, -a, -um（意为"满是……，富于……"）的名词化阴性形式 -osa 构成，指本属模式种含羞草（*M. pudica*）的叶敏感，触之可动，仿佛在模仿有意识的生物。

本属约有500种，大部分产于美洲热带地区，少数广布于全世界的热带、温带地区。我国有3种及1变种，见于台湾、广东、广西、云南，均非原产。本书介绍光荚含羞草 *M. bimucronata* (DC.) Kuntze 和无刺含羞草 *M. diplotricha* var. *inermis* (Adelb.) Alam & Yusof 1种，1变种。

3.12 光荚含羞草 *Mimosa bimucronata*（DC.）Kuntze

中文别名：簕仔树。

拉丁异名：*Mimosa sepiaria*、*Mimosa stuhlmanii*、*Acacia bimucronata*、*Mimosa bimucronata* subsp. *sepiaria*。

生活类型：落叶灌木，高3～6米。

种子特征：卵形或圆形，黄棕色或绿棕色；扁平，表皮粗糙；长约5.0毫米，宽约3.0毫米；千粒重8.3克。

国内分布：广东南部沿海地区。

国外分布：原产于美洲热带地区。

生　　境：逸生于疏林下。

4mm

2mm

3.13 无刺含羞草　*Mimosa diplotricha* var. *inermis*（Adelb.）Alam & Yusof

中文别名：无刺巴西含羞草。

拉丁异名：*Mimosa invisa* var. *inermis*。

生活类型：直立，亚灌木状草本。

种子特征：卵形或圆形，黄绿色或红棕色；扁平，有光泽；长约3.0毫米，宽约2.2毫米；千粒重4.6克。

国内分布：广东、云南有栽培。

国外分布：原产于印度尼西亚爪哇岛。

5mm

2mm

2mm

合欢属　*Albizia* Durazz.

用于纪念18世纪意大利博物学家菲利波·德利·阿尔比

齐（Filippo degli Albizzi，生卒年不详），他在1749年将合欢（*A. julibrissin*）引栽到意大利的花园。

本属有120～140种，产于亚洲、非洲、大洋洲及美洲的热带、亚热带地区。我国有17种，大部分产于西南部、南部及东南部各省区；海南有7种。本属的经济用途主要为木材、提取单宁以及作庭园绿化和紫胶虫寄主树用。本书介绍天香藤 *A. corniculata*（Lour.）Druce和阔荚合欢 *A. lebbeck*（L.）Benth. 2种。

3.14 天香藤　*Albizia corniculata*（Lour.）Druce

中文别名：藤山丝、刺藤（《中国高等植物图鉴》）、山合欢、野合欢、白格、黄豆树（海南）。

拉丁异名：*Mimosa corniculata*、*Albizia millettii*。

生活类型：攀缘灌木或藤本。

种子特征：长圆形，褐色或深棕色；种皮厚，具马蹄形痕；长约8.0毫米，宽约5.0毫米；千粒重37.9克。

国内分布：广东、广西、福建；海南东方、乐东、三亚、保亭、琼中等地。

国外分布：越南、老挝、柬埔寨。

生　　境：旷野或山地疏林中，常攀附于树上。

濒危等级：无危（LC）。

3.15 阔荚合欢 *Albizia lebbeck* (L.) Benth.

中文别名：大叶合欢（《海南植物志》）、印度合欢、大荚合欢。

拉丁异名：*Acacia lebbeck*、*Feuilleea lebbeck*、*Mimosa lebbeck*。

生活类型：落叶乔木，高 8 ～ 12 米。

种子特征：椭圆形，棕色；种皮厚，具马蹄形痕；长约 1.0 厘米，宽约 0.6 厘米；千粒重 134.7 克。

国内分布：广东、广西、福建、台湾有栽培；海南海口、万宁等地亦有栽培。

国外分布：原产于非洲热带地区，现广植于全球热带、亚热带地区。

生　　境：海拔高达 2 100 米的潮湿处岩石缝中。

经济价值：叶可作家畜的饲料；良好的庭园观赏植物及行道树；木材适为家具、车轮、船艇、支柱、建筑之用。

相思树属 *Acacia* Mill.

来自古典拉丁语词 acacia，本指阿拉伯金合欢（*Vachellia nilotica*）及其树脂；该词又来自古希腊语词 ἀκακία（*akakía*）。由于相思树属种类极多，为了维持命名稳定性，*Acacia* 现已通过换模式保留成为相思树属的学名。

本属约有 1 000 种，分布于全世界的热带和亚热带地区，尤以大洋洲及非洲的种类最多。分布于我国西南部至东部，连同引入栽培的共有18种。本属植物具有很大的经济价值，一些种类可提取单宁、树胶、染料，供硝皮、染物，制造墨水、药品等用，一些种类为重要的荒山绿化树种、用材及风景树种。本书介绍大叶相思 *A. auriculiformis* A. Cunn. ex Benth. 和黑荆 *A. mearnsii* De Wild. 2种。

3.16 大叶相思 *Acacia auriculiformis* A. Cunn. ex Benth.

中文别名：耳叶相思（广东）、耳果相思、耳荚相思。
拉丁异名：*Racosperma auriculiforme*。
生活类型：常绿乔木。
种子特征：椭圆形，红棕色或黑色；种皮硬而光滑，围以折叠的珠柄；长约2.0厘米，宽约1.0厘米；千粒重18.4克。
国内分布：广东、广西、福建有引种。
国外分布：原产于澳大利亚北部及新西兰。
经济价值：材用或绿化树种。

3.17 黑荆 *Acacia mearnsii* De Wild.

中文别名：澳洲金合欢、黑儿茶、黑荆树、栲皮树、毛黑荆。
拉丁异名：*Racosperma mearnsii*、*Acacia decurrens* var. *mollis*。

生活类型：乔木，高9 ～ 15米。

种子特征：卵圆形，黑色；种皮硬，有光泽；长约5.0毫米，宽约2.5毫米；千粒重11.8克。

国内分布：浙江、福建、台湾、广东、广西、云南、四川等地有引种。

国外分布：原产于澳大利亚。

经济价值：本种是世界著名的速生、高产、优质的鞣料树种；树皮含单宁30％～ 45％，供硝皮和作染料用；木材坚韧，可作坑木、枕木、电杆、船板、农具、家具、建筑等用材；亦为蜜源、绿化树种。

4 蝶形花亚科 Subfam. Papilionoideae DC.（1825）

本亚科遍布全世界，较原始的类型大多分布于热带、亚热带地区，多为木本植物；较进化的类型是分布于温带的草本植物。约440属，12 000种，种属分化甚为明显。我国包括常见引进栽培的共有128属，1 372种，183变种（变型）；海南有51属，171种，6变种和2变型。本书介绍苦参属 *Sophora* L.、落地豆属 *Rothia* Pers.、猪屎豆属 *Crotalaria* L.、丁葵草属 *Zornia* J. F. Gmel.、黄檀属 *Dalbergia* L. f.、紫檀属 *Pterocarpus* Jacq.、木蓝属 *Indigofera* L.、拟大豆属 *Ophrestia* H. M. L. Forbes、灰毛豆属 *Tephrosia* Pers.、崖豆藤属 *Millettia* Wight & Arn.、水黄皮属 *Pongamia* Vent.、宿苞豆属 *Shuteria* Wight & Arn.、旋花豆属 *Cochlianthus* Benth.、笈子梢属 *Campylotropis* Bunge、鸡眼草属 *Kummerowia* Schindl.、胡枝子属 *Lespedeza* Michx.、小槐花属 *Ohwia* H. Ohashi、排钱树属 *Phyllodium* Desv.、长柄山蚂蟥属 *Hylodesmum* H. Ohashi & R. R. Mill、饿蚂蟥属 *Ototropis* Nees、锥蚂蟥属 *Sunhangia* H. Ohashi & K. Ohashi、瓦子草属 *Puhuaea* H. Ohashi & K. Ohashi、二歧山蚂蟥属 *Bouffordia* H. Ohashi & K. Ohashi、拿身草属 *Sohmaea* H. Ohashi & K. Ohashi、链荚豆属 *Alysicarpus* Neck. ex Desv.、山蚂蟥属 *Desmodium* Desv.、三叉刺属 *Trifidacanthus* Merr.、舞草属 *Codariocalyx* Hassk.、假地豆属 *Grona* Lour.、狸尾豆属 *Uraria* Desv.、千斤拔属 *Flemingia* Roxb. ex W. T. Aiton、鹿藿属 *Rhynchosia* Lour.、野扁豆属 *Dunbaria* Wight & Arn.、刺桐属 *Erythrina* L.、硬皮豆属 *Macrotyloma* (Wight & Arn.) Verdc.、扁豆属 *Lablab* Adans.、

豇豆属*Vigna* Savi、菜豆属*Phaseolus* L.、大翼豆属*Macroptilium* (Benth.) Urban、琼豆属*Teyleria* Backer、豆薯属*Pachyrhizus* Rich. ex DC.、葛属*Pueraria* DC.、大豆属*Glycine* Willd.、两型豆属*Amphicarpaea* Elliot、补骨脂属*Cullen* Medik.、苞护豆属*Phylacium* Benn.、田菁属*Sesbania* Scop.、刺槐属*Robinia* L.、南海藤属*Nanhaia* J. Compton & Schrire、夏藤属*Wisteriopsis* J. Compton & Schrire、岩黄芪属*Hedysarum* L.、黄芪属*Astragalus* L.、山羊豆属*Galega* L.、苜蓿属*Medicago* L.、草木樨属*Melilotus* (L.) Mill.、野豌豆属*Vicia* L.的56属115种，4亚种和1变种。

苦参属 *Sophora* L.

林奈命名，一般认为来自中世纪拉丁语词sophera，为决明属（*Senna*）某种植物的名称。林奈除将sophera一词用作槐叶决明（*Senna sophora*）的种加词外，又把略微改变拼写的*Sophora*转用于苦参属。

本属有80余种，广泛分布于两半球的热带至温带地区。我国有21种，14变种，2变型，主要分布于西南、华南和华东地区，少数种分布到华北、西北和东北；海南有2种。本属一些种可供建筑和家具用材；有些种可作行道树或庭园绿化树种；可作优良的蜜源植物；种子含有胶质内胚乳，可供工业上用；多数种类都含有各种类型生物碱，在医药方面有较多的用途；可作杀虫剂；个别种类的根茎发达，有保持水土的作用。本书介绍白刺花*S. davidii* Kom. ex Pavol.、苦参*S. flavescens* Aiton、越南槐*S. tonkinensis* Gagnep.和黄花槐*S. xanthoantha* C. Y. Ma 4种。

4.1 白刺花 *Sophora davidii* Kom. ex Pavol.

中文别名：苦刺花、铁马胡烧（湖北）、狼牙槐（陕西）、狼牙刺、马蹄针、马鞭采、白刻针（河南）。

拉丁异名：*Sophora viciifolia*、*Sophora moorcroftiana* var. *davidii*、*Sophora moorcroftiana* subsp. *viciifolia*、*Caragana chamlago*。

生活类型：灌木或小乔木，高 1～2 米，有时 3～4 米。

种子特征：卵球形，浅黄色或棕色；长约 4.0 毫米，宽约 2.5 毫米；千粒重 15.7 克。

国内分布：华北、陕西、甘肃、河南、江苏、浙江、湖北、湖南、广西、四川、贵州、云南、西藏。

生　　境：海拔 2 500 米以下的河谷沙丘和山坡路边的灌木丛中。

经济价值：观赏植物。

3mm

2mm

4.2 苦参 *Sophora flavescens* Aiton

中文别名：地槐（《本草纲目》）、白茎地骨（《新本草纲目》）、山槐、野槐、牛参。

拉丁异名：*Sophora macrosperma*、*Sophora tetragonocarpa*、*Sophora angustifolia*、*Sophora flavescens* var. *stenophylla*、*Sophora flavescens* var. *angustifolia*、*Sophora flavescens* f. *angustifolia*。

生活类型：草本或亚灌木，通常高 1 米左右。

种子特征：长卵圆形，深红褐色或紫褐色；稍压扁；长约 5.0 毫米，宽约 3.8 毫米；千粒重 4.7 克。

国内分布：我国南北各省区。

国外分布：印度、日本、朝鲜、俄罗斯西伯利亚地区。

生　　境：海拔1 500米以下的山坡、沙地草坡灌木林中或田野
　　　　　　附近。

经济价值：根可入药，有清热利湿、抗菌消炎、健胃驱虫之
　　　　　　效；种子可作农药；茎皮纤维可织麻袋。

0.56cm

0.46cm

4.3 越南槐　*Sophora tonkinensis* Gagnep.

中文别名：柔枝槐（《植物分类学报》）、广豆根（《广西植物
　　　　　　名录》）。

拉丁异名：*Cephalostigmaton tonkinensis*、*Sophora subprostrata*、
　　　　　　Cephalostigmaton tonkinense。

生活类型：灌木，有时攀缘状。

种子特征：卵圆形，黑色；长约6.0毫米，宽约2.5毫米。

国内分布：广西、贵州、云南。

国外分布：越南北部。

生　　境：海拔1 000～2 000米的亚热带或温带的石山或石
　　　　　　灰岩山地的灌木林中。

经济价值：根可入药，具有清热解毒，消炎止痛之效。

保护等级：国家二级保护植物。

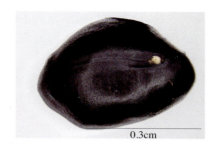

0.3cm

4.4 黄花槐 *Sophora xanthoantha* C. Y. Ma

拉丁异名：*Sophora xanthantha*。

生活类型：草本或亚灌木，高不足1米。

种子特征：长椭圆形，榄绿色；一端钝圆，一端急尖；长约
5.1毫米，宽约3.6毫米；千粒重27.0克。

国内分布：云南（元江）；我国南部有栽培。

国外分布：印度、斯里兰卡、马来群岛、澳大利亚。

生　　境：海拔500～1 800米的草坡山地，罕见。

经济价值：优良的观花植物。

濒危等级：极危（CR）。

4mm

0.2cm

落地豆属 *Rothia* Pers.

本属有2种，分布于非洲、亚洲及澳大利亚北部的热带亚热带
地区。我国有1种，产于广东西南部和海南岛。本书介绍落地豆

R. indica（L.）Druce 1 种。

4.5 落地豆　*Rothia indica*（L.）Druce

拉丁异名：*Trigonella indica*、*Rothia trifoliata*、*Dillwynia trifoliata*、
　　　　　Westonia indica、*Westonia humifusa*、*Lotus indicus*。

生活类型：一年生草本。

种子特征：近肾形，绿色、棕色或黑色；具浅色斑纹；长约
　　　　　1.5毫米，宽约1.0毫米；千粒重1.3克。

国内分布：广东、海南。

国外分布：越南、老挝、斯里兰卡、印度尼西亚、澳大利亚。

生　　境：海拔20～40米的海边草地。

濒危等级：无危（LC）。

猪屎豆属　*Crotalaria* L.

　　由古希腊语词 κρόταλον（*krótalon*，意为"响板"）加上后缀 -aria（为形容词后缀 -arius, -a, -um 的阴性名词化形式）构成，指本属一些种的荚果成熟后，摇晃果实可让种子在里面撞击作响。

　　本属约有700种，分布于美洲、非洲、大洋洲及亚洲热带、亚热带地区。我国产40种，3变种；海南有19种，1变种。本属植物不少种可供药用；常用作绿肥和覆盖植物。本书介绍毛

果猪屎豆*C. bracteata* Roxb.、黄雀儿*C. cytisoides* Roxb. ex DC.、菽麻*C. juncea* L.、长果猪屎豆*C. lanceolata* E. Mey.、头花猪屎豆*C. mairei* H. Lév.、褐毛猪屎豆*C. mysorensis* Roth、紫花猪屎豆*C. occulta* Graham ex Benth.、农吉利*C. sessiliflora* L.、大托叶猪屎豆*C. spectabilis* Roth、四棱猪屎豆*C. tetragona* Roxb. ex Andr.和多疣猪屎豆*C. verrucosa* L. 11种。

4.6 毛果猪屎豆 *Crotalaria bracteata* Roxb.

中文别名：大苞叶猪屎豆（《中国主要植物图说·豆科》）、大响铃豆、大苞猪屎豆。

拉丁异名：*Crotalaria bractaeata*。

生活类型：草本或亚灌木，高0.6～1.2米。

种子特征：斜心形，黄色或红棕色；长约3.0毫米，宽约2.0毫米；千粒重10.6克。

国内分布：云南。

国外分布：中南半岛、南亚、太平洋诸岛。

生　　境：海拔700～1 000米的荒地路边及山坡疏林中。

濒危等级：无危（LC）。

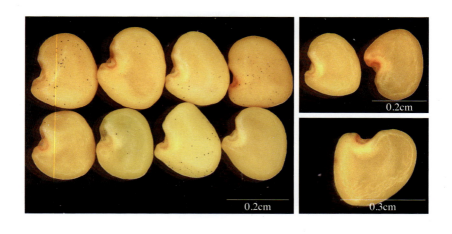

4.7 黄雀儿 *Crotalaria cytisoides* Roxb. ex DC.

中文别名：思茅猪屎豆、普洱猪屎豆、小扁豆。

拉丁异名：*Priotropis cytisoides*、*Crotalaria szemaoensis*、
Crotalaria psoraleoides。

生活类型：亚灌木，高50～100厘米。

种子特征：马蹄形，黄棕色；长约8.0毫米，宽约7.0毫米；
千粒重18.4克。

国内分布：云南、西藏。

国外分布：印度、尼泊尔。

生　　境：海拔800～1 500米的山坡路旁。

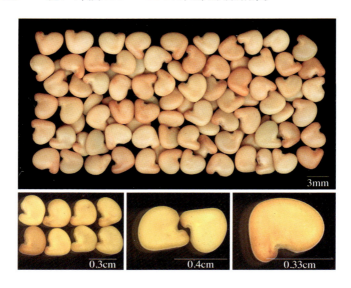

3mm

0.3cm　　0.4cm　　0.33cm

4.8 菽麻 *Crotalaria juncea* L.

中文别名：印度麻（《广州常见经济植物》）、太阳麻（《中国
高等植物图鉴》《台湾植物志》）、自消容（《亨利
氏植物汉名集》）。

拉丁异名：*Crotalaria sericea*、*Crotalaria sericea*、*Crotalaria fenestrata*、*Crotalaria viminea*、*Crotalaria porrecta*、*Crotalaria benghalensis*、*Crotalaria tenuifolia*、*Crotalaria juncea* var. *benghalensis*。

生活类型：直立草本，体高0.5～1.0米。

种子特征：斜心形，绿棕色或黑色；长约3.0毫米，宽约2.4毫米；千粒重36.0克。

国内分布：福建、台湾、广东、广西、四川、云南；江苏、山东等地有栽培。

国外分布：现广泛栽培或逸生于亚洲、非洲、大洋洲和美洲热带、亚热带地区。

生　　境：海拔50～2 000米的荒地路旁及山坡疏林中。

经济价值：本种可供药用，常作为解毒及麻醉的有效药；茎枝可作各种绳索，麻袋等；其纤维可作造纸的原料；可作绿肥，有改良土壤之效。

4.9 长果猪屎豆　*Crotalaria lanceolata* E. Mey.

中文别名：长叶猪屎豆（《台湾植物志》）、披针叶猪屎豆。

拉丁异名：*Crotalaria mossambicensis*。

生活类型：草本或亚灌木，高50～100厘米。

种子特征：马蹄形，黄色或红棕色；长约2.4毫米，宽约1.6

毫米；千粒重2.7克。
国内分布：福建、台湾、云南栽培或逸生。
国外分布：美洲、大洋洲、非洲热带、亚热带地区。
生　　境：田地路旁及荒山草地。

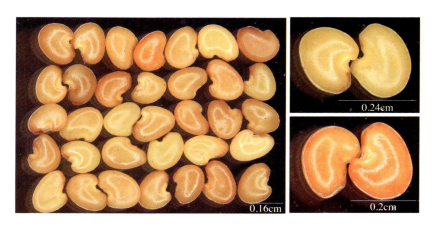

4.10 头花猪屎豆　*Crotalaria mairei* H. Lév.

拉丁异名：*Crotalaria villicalyx*、*Crotalaria capitata*。
生活类型：直立草本，高30～60厘米。
种子特征：斜心形，黄色、黄绿色或红棕色；长约2.2毫米，
　　　　　　宽约1.8毫米；千粒重1.6克。

国内分布：广西、四川、贵州、云南。

国外分布：印度、尼泊尔、不丹。

生　　境：海拔300～2500米的山坡草地。

经济价值：药用，可散结消肿。

4.11 褐毛猪屎豆　*Crotalaria mysorensis* Roth

中文别名：褐毛野百合。

拉丁异名：*Crotalaria stipulacea*、*Crotalaria hirsuta*、*Crotalaria decasperma*。

生活类型：直立草本，体高50～100厘米。

种子特征：肾形，黄棕色或褐色；表皮光滑；长约3.2毫米，宽约2.5毫米；千粒重9.0克。

国内分布：广东沿海岛屿。

国外分布：印度、尼泊尔、巴基斯坦、菲律宾、马来西亚。

经济价值：园林植物；绿肥植物；全草和根可供药用，有散结、清湿热等作用。

3mm

0.33cm　　0.33cm　　0.25cm

4.12 紫花猪屎豆 *Crotalaria occulta* Graham

中文别名：隐蔽猪屎豆。

拉丁异名：*Crotalaria rhizophylla*。

生活类型：草本，高100 ～ 150厘米。

种子特征：斜心形，棕褐色或黄棕色；表皮光滑，有光泽；长约2.3毫米，宽约1.8毫米。

国内分布：云南。

国外分布：印度。

生　　境：海拔800 ～ 1 000米的山坡路旁疏林中。

濒危等级：无危（LC）。

0.21cm

0.23cm

0.2cm

4.13 农吉利 *Crotalaria sessiliflora* L.

中文别名：野百合（《植物名实图考》）、紫花野百合（江西）、倒挂山芝麻（浙江）、羊屎蛋（山东）、蓝花野百合、蓝花猪屎豆。

拉丁异名：*Crotalaria brevipes*、*Crotalaria oldhami*、*Crotalaria nepalensis*、*Crotalaria eriantha*。

生活类型：直立草本，高30 ～ 100厘米。

种子特征：肾状，圆形，黄绿色或棕色；有光泽；长约1.4毫米，宽约1.3毫米；千粒重1.9克。

国内分布：辽宁、河北、山东、江苏、安徽、浙江、江西、福建、台湾、湖南、湖北、广东、广西、四川、贵州、云南、西藏；海南儋州、澄迈、定安、琼海、保亭。

国外分布：中南半岛、南亚、太平洋诸岛、朝鲜、日本。

生　　境：海拔70～1 500米的荒地路旁及山谷草地。

经济价值：药用，有清热解毒、消肿止痛、破血除瘀等效果。

1.3mm

1.4mm

1.3mm

4.14 大托叶猪屎豆　*Crotalaria spectabilis* Roth

中文别名：丝毛野百合（《广州植物志》）、紫花野百合（《台湾植物志》）、美观猪屎豆、美丽猪屎豆、大叶猪屎豆。

拉丁异名：*Crotalaria leschenaultii*、*Crotalaria altipes*、*Crotalaria retzii*。

生活类型：直立高大草本，高60～150厘米。

种子特征：斜心形，黑棕色；长约4.6毫米，宽约3.5毫米；千粒重16.9克。

国内分布：江苏、安徽、浙江、江西、福建、台湾、湖南、广东、广西。

国外分布：印度、尼泊尔、菲律宾、马来西亚、非洲及美洲热带地区广泛栽培。

生　　境：海拔 100 ~ 1 500 米的田园路旁及荒山草地。

经济价值：药用，对皮肤鳞状细胞癌和基底细胞癌有较好效果；种子含半乳甘露聚糖胶，应用在石油、矿山、纺织及食品等工业中。

濒危等级：无危（LC）。

4.15 四棱猪屎豆 *Crotalaria tetragona* Roxb. ex Andr.

中文别名：化金丹、大马响豆、大响铃、四棱猪屎藤、四楞猪屎豆。

拉丁异名：*Crotalaria grandiflora*、*Crotalaria obtecta*、*Crotalaria esquirolii*。

生活类型：多年生高大草本，高达2米。

种子特征：斜心形，红褐色或红棕色；表皮光滑，有光泽；长约5.5毫米，宽约4.0毫米；千粒重25.3克。

国内分布：广东、广西、四川、云南。

国外分布：印度、尼泊尔、不丹、缅甸、越南、印度尼西亚。

生　　境：海拔 500 ~ 1 600 米的山坡路旁及疏林中。

濒危等级：无危（LC）。

4.16 多疣猪屎豆 *Crotalaria verrucosa* L.

中文别名：多疣野百合（《海南植物志》）、大叶野百合、蓝花猪屎豆。

拉丁异名：*Phaseolus bulai、Quirosia anceps、Anisanthera versicolor、Crotalaria wallichiana、Crotalaria acuminata、Crotalaria angulosa、Crotalaria verrucosa* var. *acuminata、Crotalaria mollis*。

生活类型：直立草本，高50～100厘米。

种子特征：斜心形，亮黄色或黄棕色；表皮光滑，有光泽；长约0.5厘米，宽约0.4厘米；千粒重22.3克。

国内分布：台湾、广东、云南；海南海口、三亚。

国外分布：非洲和亚洲热带、亚热带地区。

生　　境：海拔100～2 000米的荒山草地或山坡疏林下。

经济价值：可供药用。

丁癸草属 *Zornia* J. F. Gmel.

用于致敬德国植物学家措恩（J. Zorn，1739—1799）。

本属约有90种，分布于两半球热带和温暖地区。我国南部、东南部产2种；海南产1种。本书介绍台东丁癸草 Z. *intecta* Mohlenbr. 1种。

4.17 台东丁癸草 *Zornia intecta* Mohlenbr.

中文别名：台东癸草（《台湾植物志》）。

拉丁异名：*Zornia diphylla* var. *ciliaris*。

生活类型：多年生直立草本，高达40厘米。

种子特征：肾形，红棕色；具斑纹；长1.8毫米，宽约1.3毫米；千粒重1.1克。

国内分布：台湾。

1mm

1mm

国外分布：印度南部、斯里兰卡、越南。
濒危等级：无危（LC）。

黄檀属 *Dalbergia* L. f.

用于致敬瑞典种植园主、博物学家卡尔·古斯塔夫·达尔贝里（Carl Gustav Dalberg，1720/1721—1781）及其弟瑞典医生、林奈的学生尼尔斯·达尔贝里（Nils E. Dalberg，1736—1820）。

本属约有250种，分布于亚洲、非洲和美洲的热带和亚热带地区。我国有28种，1变种，产于西南部、南部至中部；海南有9种。本属的一些种类为优良的材用树种及紫胶虫寄主树，还有些种类供药用和观赏。本书介绍黄檀*D. hupeana* Hance 1种。

4.18 黄檀 *Dalbergia hupeana* Hance

中文别名：上海黄檀、白檀（《亨利氏中国植物名录》）、檀木、檀树、望水檀、不知春、倒钩藤、湖北黄檀。
拉丁异名：*Dalbergia sacerdotum*、*Dalbergia hupeana* var. *bauhiniifolia*。
生活类型：乔木，高10～20米。
种子特征：长肾形，红褐色；长1.0厘米，宽0.5厘米；千粒重110.0克。

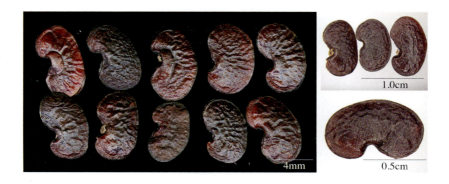

4mm 1.0cm 0.5cm

国内分布：山东、江苏、安徽、浙江、江西、福建、湖北、湖南、广东、广西、四川、贵州、云南。

生　　境：海拔600～1 400米的山地林中或灌丛中、山沟溪旁及有小树林的坡地。

经济价值：木材常用作车轴、榨油机轴心、枪托、各种工具柄等；根药用，可治疗疮。

濒危等级：近危（NT）。

紫檀属 *Pterocarpus* Jacq.

最早由林奈在1747年的《锡兰植物志》中命名。来自古希腊语词 πτερόν（*pterón*，意为"羽毛，翅膀"）和 καρπός（*karpós*，意为"果实"），指紫檀属的荚果扁平，边缘大多具翅。

本属约有40种，分布于全球热带地区。我国有1种。本书介绍紫檀 *P. indicus* Willd. 1种。

4.19 紫檀 *Pterocarpus indicus* Willd.

中文别名：印度紫檀、羽叶檀、花榈木、蔷薇木、赤檀、紫榆、青龙木（《植物学大辞典》）、黄柏木。

拉丁异名：*Lingoum indicum*、*Pterocarpus zollingeri*、*Pterocarpus wallichii*。

生活类型：乔木，高15～25米。

种子特征：长圆形或近肾形，棕褐色；扁平；长约1.1厘米，宽约0.6厘米。

国内分布：台湾、广东和云南（南部）。

国外分布：印度、菲律宾、印度尼西亚、缅甸。

生　　境：坡地疏林中。

经济价值：木材为优良的建筑、乐器及家具用材；树脂和树身可供药用。

濒危等级：极危（CR）。

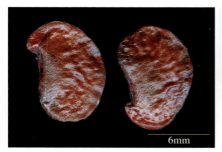

6mm

0.2cm

木蓝属 *Indigofera* L.

林奈命名。由新拉丁语词 indigo（意为"靛蓝"）加上后缀 -fer，-a, -um（意为"具有……的"）的阴性名词化形式 -fera 构成，意为"产出靛蓝的（树）"，指本属的木蓝（*I. tinctoria*）可制靛蓝染料。Indigo 一词又来自葡萄牙语词 índigo，是古典拉丁语词 indicum 的后裔词，后者则来自古希腊语词 Ἰνδικόν（*Indikón*，意为"印度的"，指木蓝原产印度等地）的中性名词化形式。

本属有750余种，广布全世界亚热带与热带地区，以非洲占多数。我国有81种，9变种；海南有11种。本属植物可供观赏、绿肥、饲料、染料或药用，但有些种则具毒性。本书介绍多花木蓝 *I. amblyantha* Craib、河北木蓝 *I. bungeana* Walp.、尾叶木蓝 *I. caudata* dunn、庭藤 *I. decora* Lindl.、密果木蓝 *I. densifructa* Y. Y. Fang & C. Z. Zheng、黔南木蓝 *I. esquirolii* H. Lév.、穗序木蓝 *I. hendecaphylla* Jacq.、花木蓝 *I. kirilowii* Maxim. ex Palib.、单叶木蓝 *I. linifolia* (L. f.) Retz.黑叶木蓝 *I. nigrescens* Kurz ex King & Prain 和多枝木蓝 *I. ramulosissima* Hosok. 11种。

4.20 多花木蓝 *Indigofera amblyantha* Craib

中文别名：野蓝枝、多花槐蓝、野绿豆树、紫红树。

拉丁异名：*Indigofera amblyantha* var. *purdomii*。

生活类型：直立灌木，高0.8 ~ 2.0米。

种子特征：长圆形，黄绿色或褐色；长约2.5毫米，宽约1.8
毫米；千粒重5.7克。

国内分布：山西、陕西、甘肃、河南、河北、安徽、江苏、
浙江、湖南、湖北、贵州、四川。

生　　境：海拔600 ~ 1 600米的山坡草地、沟边、路旁灌丛
中及林缘。

经济价值：全草入药，有清热解毒、消肿止痛之效。

濒危等级：无危（LC）。

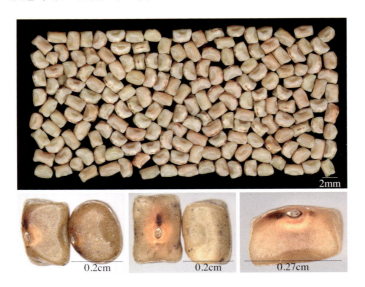

2mm

0.2cm　　0.2cm　　0.27cm

4.21 河北木蓝　*Indigofera bungeana* Walp.

中文别名：马棘（《救荒本草》）、狼牙草、野蓝枝子（四川）、
本氏木蓝、陕甘木蓝。

拉丁异名：*Indigofera pseudotinctoria*、*Indigofera hosiei*、*Indigofera
longispica*、*Indigofera micrantha*、*Indigofera
longispicta*。

生活类型：小灌木，高1～3米。

种子特征：椭圆形，黄绿色；长约2.0毫米，直径约1.2毫米；千粒重5.3克。

国内分布：江苏、安徽、浙江、江西、福建、湖北、湖南、广西、四川、贵州、云南。

国外分布：日本。

生　　境：海拔100～1300米的山坡林缘及灌木丛中。

经济价值：优质青饲料；优质绿肥；观赏植物；全草药用，能清凉解表、活血祛瘀。

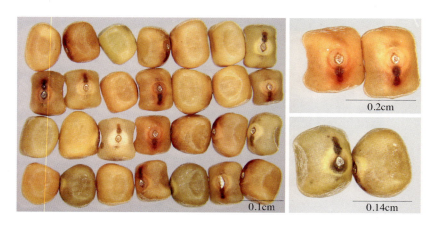

0.2cm

0.1cm

0.14cm

4.22 尾叶木蓝 *Indigofera caudata* Dunn

中文别名：山豆根、烟菜果野、知子藤棵。

生活类型：灌木，高约2.5米。

种子特征：近圆饼形，绿棕色或黄棕色；扁平；直径约2.5毫米；千粒重4.2克。

国内分布：广西（隆林）、云南（西南部及东南部）。

国外分布：老挝。

生　　境：海拔600～2000米的山坡、山谷、路旁、林缘的灌丛及杂木林中。

濒危等级：无危（LC）。

4.23 庭藤 *Indigofera decora* Lindl.

中文别名：美丽木蓝、中国木蓝、胡豆、岩藤、藤槐蓝。

拉丁异名：*Indigofera ichangensis* f. *rigida*、*Indigofera ichangensis* f. *leptantha*。

生活类型：灌木，高0.4～2米。

种子特征：椭圆形，黑红色；长4.5毫米，宽约3.5毫米；千粒重4.9克。

国内分布：安徽、浙江、福建、广东。

国外分布：日本。

生　　境：海拔200～1 800米的溪边、沟谷旁及杂木林和灌丛中。

经济价值：全株可供观赏；种子可食用；叶芽等可药用。

0.35cm

0.35cm

4.24 密果木蓝 *Indigofera densifructa* Y. Y. Fang & C. Z. Zheng

生活类型：灌木，高达2米。

种子特征：球形，绿棕色或锈褐色；种皮有光泽；直径约2.2毫米；千粒重6.1克。

国内分布：湖南、广东、广西、贵州。

生　　境：海拔700米的河岸边及湿润小山坡。

濒危等级：无危（LC）。

2mm

0.25cm

0.25cm

4.25 黔南木蓝 *Indigofera esquirolii* H. Lév.

中文别名：黔滇木蓝（《中国主要植物图说·豆科》）、滇黔木蓝。

拉丁异名：*Indigofera arborea*、*Indigofera neoarborea*。

生活类型：灌木，高 1 ～ 4 米。

种子特征：近球形，棕绿色；直径约 2.0 毫米；千粒重 7.2 克。

国内分布：广西（隆林、南丹）、贵州、云南。

生　　境：海拔 400 ～ 2 450 米的山坡疏林或灌丛中。

濒危等级：易危（VU）。

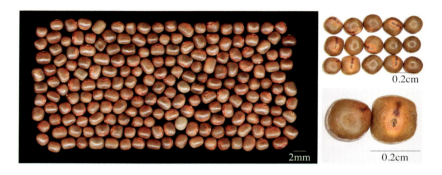

4.26 穗序木蓝 *Indigofera hendecaphylla* Jacq.

中文别名：十一叶木蓝（《中国主要植物图说·豆科》）、铺地木蓝。

拉丁异名：*Indigofera spicata*、*Indigofera parkeri*、*Indigofera pusilla*、*Indigofera endecaphylla*。

生活类型：一至多年生草本，高 15 ～ 40 厘米。

种子特征：圆柱形，绿色或黄色或红棕色；长约 2.2 毫米，直径约 1.4 毫米；千粒重 3.8 克。

国内分布：台湾、广东（广州）、云南（西部及西南部）。

国外分布：印度、越南、泰国、菲律宾、印度尼西亚。

生　　境：海拔 800 ～ 1 100 米的空旷地、竹园、路边潮湿的向阳处。

经济价值：优良地被植物；优质绿肥。

特　有　性：我国特有。

4.27 花木蓝 *Indigofera kirilowii Maxim.* ex Palib.

中文别名：吉氏木蓝（《中国主要植物图说·豆科》）、红花木蓝、吉氏马棘。

拉丁异名：*Indigofera macrostachya*、*Indigofera kirilowii* var. *alba*。

生活类型：小灌木，高30～100厘米。

种子特征：长圆柱形，赤褐色或灰褐色；表皮有花纹；长约5.0毫米，直径约2.5毫米；千粒重15.7克。

国内分布：吉林、辽宁、河北、山东、江苏（海州）。

国外分布：朝鲜、日本。

生　　　境：山坡灌丛及疏林内或岩缝中。

经济价值：园林观赏植物；茎皮纤维供制人造棉、纤维板和造纸用；枝条可编筐；种子含油及淀粉；叶含鞣质。

濒危等级：无危（LC）。

4.28 单叶木蓝　*Indigofera linifolia* (L. f.) Retz.

中文别名：细叶木蓝、线叶木蓝、小叶木蓝、球果木蓝。

拉丁异名：*Sphaeridiophorum linifolium*、*Anila linifolia*、*Hedysarum linifolium*。

生活类型：多年生草本，高30～40厘米。

种子特征：近圆形，黄绿色或浅棕色；直径约1.5毫米；千粒重1.9克。

国内分布：台湾、广东、四川、云南（金沙江干热河谷）。

国外分布：澳大利亚、越南、缅甸、泰国、印度、克什米尔地区、巴基斯坦、阿富汗、埃塞俄比亚、苏丹。

1mm

0.15cm　　　0.15cm　　　0.15cm

生　　境：海拔1 200米以下的沟边沙岸、田埂、路旁及草坡。

经济价值：饲料；叶和全株可药用。

4.29 黑叶木蓝 *Indigofera nigrescens* Kurz ex King & Prain

中文别名：湄公木蓝、黑木蓝、黑叶庭藤。

拉丁异名：*Indigofera mekongensis*、*Indigofera atropurpurea* var. *nigrescens*。

生活类型：直立灌木，高1～2米。

种子特征：圆卵形，黄绿色或赤褐色；有光泽；长约2.5毫米，宽约1.6毫米。

国内分布：陕西、浙江（龙泉）、江西、福建、台湾、湖北、湖南、广东、广西、四川、贵州、云南、西藏（墨脱）。

国外分布：印度、缅甸、泰国、老挝、越南、菲律宾、印度尼西亚的爪哇岛。

生　　境：海拔500～2 500米的丘陵山地、山坡灌丛、山谷疏林及向阳草坡、田野、河滩等处。

濒危等级：无危（LC）。

4.30 多枝木蓝 *Indigofera ramulosissima* Hosok.

中文别名：太鲁阁木蓝。
生活类型：矮小灌木。
种子特征：圆柱形，棕色、绿色或褐色；长约2.0毫米，直径约1.0毫米；千粒重3.4克。
国内分布：台湾。
生　　境：干旱岩石坡上。
特 有 性：我国特有。

2mm

0.13cm　　0.11cm　　0.12cm

拟大豆属 *Ophrestia* H. M. L. Forbes

据原始文献，拟大豆属的学名*Ophrestia*为灰毛豆属学名*Tephrosia*的改缀词，指本属从灰毛豆属分出，与后者形似而有所不同。

本属约有16种，分布于非洲热带地区和亚洲。我国有1种，产于海南。本书介绍羽叶拟大豆 *O. pinnata* (Merr.) H. M. L. Forbes 1种。

4.31 羽叶拟大豆　*Ophrestia* pinnata (Merr.) H. M. L. Forbes

中文别名：羽叶大豆（《中国主要植物图说·豆科》）、拟大豆。

拉丁异名： *Paraglycine pinnata*、*Glycine pinnata*、*Cruddasia pinnata*。

生活类型：缠绕藤本。

种子特征：长圆状卵形，褐色或黑色；扁平；种脐短，边缘假种皮展开，柔软，具种阜和孔阜；长约4.5毫米，宽3.4毫米；千粒重10.3克。

国内分布：海南澄迈、昌江、东方、保亭、三亚。

生　　境：旷野灌木丛中。

濒危等级：易危（VU）。

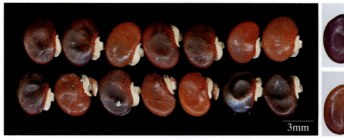

灰毛豆属 *Tephrosia* Pers.

来自古希腊语词τέφρα（*téphrā*，意为"骨灰"），指本属植物的植株大多生有灰白色绢毛。

本属约有350种。广布于热带和亚热带地区，多数产于非洲，欧洲不产。我国有11种，3变种；海南有2种，1变种。本书介绍白灰毛豆 *T. candida* DC.、西沙灰毛豆 *T. luzonensis* Vogel、矮灰毛豆 *T. pumila* (Lam.) Pers. 和黄灰毛豆 *T. vestita* Vogel 4种。

4.32 白灰毛豆　*Tephrosia candida* DC.

中文别名：短萼灰叶（《广州植物志》）、山毛豆、白花灰叶、白花灰叶豆、短萼灰叶豆。

拉丁异名：*Xiphocarpus martinicensis*、*Cracca candida*、*Kiesera candida*、*Robinia candida*。

生活类型：灌木状草本，高 1 ~ 3.5 米。

种子特征：椭圆形，榄绿色或棕色；具花斑，平滑；种脐稍偏，种阜环形，明显；长约5.0毫米，宽约3.5毫米；千粒重22.5克。

国内分布：福建、广东、广西、云南。

国外分布：印度东部、马来半岛。

生　　境：逸生于草地、旷野、山坡。

经济价值：优质饲料；优良的绿肥植物；观赏护坡。

4.33 西沙灰毛豆　*Tephrosia luzonensis* Vogel

中文别名：西沙灰叶。

拉丁异名：*Tephrosia confertiflora*。

生活类型：一年生草本，高10 ~ 15（~ 100）厘米。

种子特征：近方形，黑褐色或黑棕色；具斑纹，稍扁；长约2.1毫米，宽约1.8毫米；千粒重2.7克。

国内分布：海南（西沙永兴岛）。
国外分布：菲律宾、印度尼西亚、泰国。
生　　境：空旷沙地上，少见。
濒危等级：无危（LC）。

4.34 矮灰毛豆　*Tephrosia pumila* (Lam.) Pers.

中文别名：矮灰叶。
拉丁异名：*Cracca dichotoma*、*Tephrosia timoriensis*、*Tephrosia dichotoma*、*Tephrosia procumbens*、*Galega pumila*、*Galega procumbens*、*Tephrosia commersonii*、*Tephrosia purpurea* var. *pumila*。
生活类型：一年生或多年生草本，高20～30厘米。
种子特征：长圆状菱形，黑褐色；具斑纹；种脐位于中央；长约4.5毫米，宽约2.5毫米；千粒重7.6克。
国内分布：广东。
国外分布：非洲东部、亚洲南部至东南亚、拉丁美洲。
生　　境：山坡草地和平原路边向阳处。
濒危等级：无危（LC）。

0.25cm

3mm

0.5cm

4.35 黄灰毛豆 *Tephrosia vestita* Vogel

中文别名：狐狸射草（《海南植物志》）、黄毛灰叶、假乌豆（海南）。

拉丁异名：*Cracca vestita*。

生活类型：灌木状草本，高 1 ～ 2 米。

种子特征：长肾形，棕色或黑榄色或黑色；具斑纹；长约4.2毫米，宽约2.3毫米；千粒重12.8克。

国内分布：江西、广东、香港；海南各地。

国外分布：中南半岛、印度尼西亚、菲律宾、马来西亚、巴布亚新几内亚。

生　　境：旷野、路旁、疏林和草地。

濒危等级：无危（LC）。

0.5cm

4mm

0.5cm

崖豆藤属 *Millettia* Wight & Arn.

本属约有100种，分布于非洲、亚洲和大洋洲热带和亚热带地区。我国有35种，11变种。本书介绍扩展崖豆藤 *M. extensa* Benth. ex Baker 1种。

4.36 扩展崖豆藤 *Millettia extensa* Benth. ex Baker

中文别名：崖豆藤。
拉丁异名：*Millettia auriculata*、*Phaseolodes extensum*。
生活类型：藤本。
种子特征：凸镜形，棕褐色；直径约10.0毫米。
国内分布：广东、云南、西藏。
濒危等级：无危（LC）。

水黄皮属 *Pongamia* Vent.

在1763年发表时为"*Pongam*"。原始文献没有明确给出其词源，但根据其引用的亨德里克·范·雷德《马拉巴尔花园》（*Hortus Malabaricus*），此名来自水黄皮（*P. pinnata*）的马拉雅拉姆语名（*peāṅṅaṁ*）。此名在1803年由旺特纳改为*Pongamia*，由于这一拼写变体为后世广泛使用，现已针对原变体保留。

本属仅有1种，分布于亚洲南部、东南亚、大洋洲及太平洋热带地区。我国南部有产。本书介绍水黄皮 *P. pinnata* (L.) Pierre 1种。

4.37 水黄皮 *Pongamia pinnata* (L.) Pierre

中文别名：野豆、水流豆。

拉丁异名：*Pongamia glabra*、*Robinia mitis*、*Cytisus pinnatus*、*Cajum pinnatum*、*Derris indica*、*Millettia pinnata*、*Pongamia mitis*、*Galedupa pinnata*、*Galedupa indica*。

生活类型：乔木，高8 ～ 15米。

种子特征：肾形，棕褐色；长约1.8厘米，宽约1.5厘米；千粒重768.4克。

国内分布：福建、广东（东南部沿海地区）；海南海口、琼海、万宁、陵水、三亚。

国外分布：印度、斯里兰卡、日本、马来西亚、澳大利亚、波利尼西亚。

生　　境：溪边、塘边及海边潮汐能到达的地方。

经济价值：木材纹理致密美丽，可制作各种器具；种子油可作燃料；全株入药，可作催吐剂和杀虫剂；沿海地区用作堤岸护林和行道树。

濒危等级：无危（LC）。

1.8cm

1.5cm

宿苞豆属 *Shuteria* Wight & Arn.

用于纪念爱尔兰博物学家詹姆斯·舒特（James Shuter，1775—1826），他曾经研究过印度南部地区的植物。

本属约有4种，分布于亚洲热带和亚热带。我国产2种，2变种，主要分布于南部至西南部；海南有1种。本书介绍宿苞豆 *S. involucrata* (Wall.) Wight & Arn. 1种。

4.38 宿苞豆 *Shuteria involucrata* (Wall.) Wight & Arn.

中文别名：中国宿苞豆（《中国主要植物图说·豆科》）。

拉丁异名：*Glycine involucrata*、*Shuteria vestita* var. *involucrata*、*Shuteria sinensis*。

生活类型：草质缠绕藤本，长1～3米。

种子特征：肾形，褐色或绿色；光亮，表皮具斑纹；长约3.3毫米，宽约2.2毫米；千粒重9.9克。

国内分布：云南南部、东南部和广西西部。

国外分布：印度西北部、尼泊尔、越南、柬埔寨、泰国、印度尼西亚（爪哇岛）。

生　　境：海拔900～2 200（～2 800）米的山坡路旁灌木丛中或林缘。

经济价值：根药用，清热解毒。
濒危等级：无危（LC）。

旋花豆属 *Cochlianthus* Benth.

属名由*cochlo-*（螺蛳，蜗牛）和*anthos*（花）构成，指本属植物的龙骨瓣先端伸长而旋卷，状若蜗牛。本属中文名即出于此。

本属有2种，分布于尼泊尔至我国西南部和南部。本书介绍高山旋花豆*C. montanus*（Diels）Harms 1种。

4.39 高山旋花豆 *Cochlianthus montanus* (Diels) Harms

拉丁异名：*Mucuna montana*。
生活类型：粗壮、缠绕草质藤本。
种子特征：近方形，黄绿色或红棕色；扁平，有花纹；长约
　　　　　3.0毫米，宽约2.2毫米；千粒重3.2克。
国内分布：云南丽江、西藏。
生　　境：海拔3 000多米高山上的干燥多岩石的灌丛中。
濒危等级：无危（LC）。

笐子梢属 *Campylotropis* Bunge

来自古希腊语词καμπύλος（*kampúlos*，意为"弯曲的"）和

τϱόπις（*trópis*，意为"龙骨"），指本属龙骨瓣瓣片上部向内弯曲。

本属约有38种。我国有29种，6变种，6变型。本属植物有些较耐干旱，可用作水土保持；一些种类为营造混交林的良好林下木，可固氮改良土壤；枝条可供编织；叶及嫩枝可作饲料及绿肥；蜜源植物；一些种类的根、叶还可供药用。本书介绍筅子梢 *C. macrocarpa*（Bunge）Rehder、绒毛叶筅子梢 *C. pinetorum* subsp. *velutina*（Dunn）Ohashi、小雀花 *C. polyantha*（Franch.）Schindl. 和三棱枝筅子梢 *C. trigonoclada*（Franch.）Schindl. 3种1亚种。

4.40 筅子梢 *Campylotropis macrocarpa*（Bunge）Rehder

中文别名：杭子梢、多花杭子梢、披针叶杭子梢。

拉丁异名：*Campylotropis macrocarpa* var. *macrocarpa* f. *lanceolata*、*Lespedeza ciliata*、*Lespedeza rosthornii*、*Campylotropis mortolana*、*Lespedeza ichangensis*、*Campylotropis hersii*、*Lespedeza distincta*、*Campylotropis gracilis*、*Lespedeza macrocarpa*、*Campylotropis smithii*、*Campylotropis huberi*、*Campylotropis chinensis*、*Campylotropis macrocarpa* f. *lanceolata*、*Campylotropis macrocarpa* subsp. *hengduanshanensis*。

生活类型：灌木，高1～3米。

种子特征：肾形，红褐色；长约3.5毫米，宽约2.1毫米；千粒重7.9克。

国内分布：河北、山西、陕西、甘肃、山东、江苏、安徽、浙江、江西、福建、河南、湖北、湖南、广西、四川、贵州、云南、西藏。

国外分布：朝鲜。

生　　境：海拔150～1 900米、稀达2 000米以上的山坡、灌丛、林缘、山谷沟边及林中。

3mm

2mm

4.41 绒毛叶笕子梢 *Campylotropis pinetorum* subsp. *velutina*（Dunn）Ohashi

中文别名：绒毛叶杭子梢、绒毛杭子梢、三叶豆。

拉丁异名：*Millettia cavaleriei*、*Lespedeza velutina*、*Campylotropis velutina*。

生活类型：灌木，高1～3米。

种子特征：卵形，红棕色；长约3.6毫米，宽约2.5毫米；千粒重5.5克。

国内分布：贵州、云南、广西。

国外分布：越南、泰国。

生　　境：海拔700～2 800米的山坡、灌丛、林缘、疏林内、开阔的草坡及溪流旁等处。

经济价值：根入药，能通经活血、舒筋、收敛、止痛。

3mm

0.2cm

4.42 小雀花 *Campylotropis polyantha* (Franch.) Schindl.

中文别名：绒柄杭子梢、大叶杭子梢、密毛小雀花、多花胡枝子（《中国主要植物图说·豆科》）。

拉丁异名：*Campylotropis tomentosipetiolata*、*Campylotropis reticulinervis*、*Campylotropis polyantha* var. *tomentosa*、*Campylotropis wangii*、*Campylotropis souliei*、*Lespedeza dichromoxylon*、*Lespedeza polyantha*、*Lespedeza muehleana*、*Campylotropis reticulata*、*Lespedeza blinii*、*Campylotropis muehleana*、*Lespedeza eriocarpa* var. *polyantha*、*Lespedeza eriocarpa* var. *chinensis*、*Campylotropis polyantha* f. *souliei*、*Campylotropis polyantha* f. *macrophylla*。

生活类型：灌木，多分枝，高0.5～3米。

种子特征：长肾形，红棕色；长约3.7毫米，宽约2.2毫米；千粒重6.9克。

国内分布：甘肃南部、四川、贵州、云南、西藏东部。

生　　境：海拔1 000～3 000米的山坡及向阳地的灌丛中，在石质山地、干燥地以及溪边、沟旁、林边与林间等处。

经济价值：根入药，能祛瘀、止痛、清热、利湿。

濒危等级：无危（LC）。

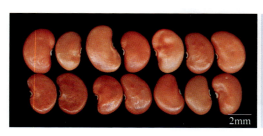

4.43 三棱枝笎子梢 *Campylotropis trigonoclada* (Franch.) Schindl.

中文别名: 三棱枝杭子梢（《中国主要植物图说·豆科》）、黄花马尿藤（《云南种子特征植物名录》）、三股筋（云南新平）、三楞草（云南红河）。

拉丁异名: *Lespedeza angulicaulis*、*Campylotropis alfouriana*、*Lespedeza trigonoclada*、*Lespedeza balfouriana*、*Lespedeza alata*、*Campylotropis alata*、*Lespedeza trigonoclada* f. *intermedia*、*Lespedeza trigonoclada* var. *angustifolia*。

生活类型: 半灌木或灌木，高 1～3 米。

种子特征: 长条形，黄绿色或红棕色；表皮光滑，有黑色花纹；长约 3.2 毫米，宽约 1.7 毫米；千粒重 4.0 克。

国内分布: 四川、贵州、云南、广西。

生　　境: 海拔 1 000～2 800 米的山坡灌丛、林缘、林内、草地或路边等处。

经济价值: 全株入药，清热解表。

濒危等级: 无危（LC）。

鸡眼草属 *Kummerowia* Schindl.

本属有2种，产于俄罗斯西伯利亚地区至中国、朝鲜、日本。本书介绍长萼鸡眼草 *K. stipulacea* (Maxim.) Makino 和鸡眼草 *K. striata* (Thunb.) Schindl. 2种。

4.44 长萼鸡眼草 *Kummerowia stipulacea* (Maxim.) Makino

中文别名：短萼鸡眼草（《东北植物检索表》）、掐不齐（东北通称）、野首蓿草（黑龙江齐齐哈尔）、圆叶鸡眼草（《台湾植物志》）。

拉丁异名：*Lespedeza stipulacea*、*Microlespedeza stipulacea*、*Lespedeza striata* var. *stipulacea*。

生活类型：一年生草本，高7～15厘米。

种子特征：卵圆形，绿褐色；有光泽，扁；长约1.8毫米，宽约1.0毫米；千粒重1.5克。

国内分布：东北、华北、华东、中南、西北等地。

国外分布：日本、朝鲜、俄罗斯中东部地区。

生　　境：海拔100～1 200米的路旁、草地、山坡、固定或半固定沙丘等处。

经济价值：饲料；绿肥植物；全草药用，能清热解毒、健脾利湿。

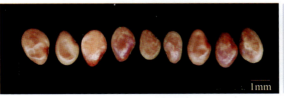

1mm

0.2cm

4.45 鸡眼草 *Kummerowia striata* (Thunb.) Schindl.

中文别名：公母草、牛黄黄、掐不齐（东北通称）、三叶人字草、鸡眼豆。

拉丁异名：*Meibomia striata*、*Microlespedeza striata*、*Hedysarum striatum*、*Lespedeza striata*、*Desmodium striatum*。

生活类型：一年生草本，披散或平卧，高（5～）10～45厘米。

种子特征：椭圆形，棕褐色或黑褐色；光滑，有花纹；长约2.0毫米，宽约1.0毫米；千粒重1.4克。

国内分布：东北、华北、华东、中南、西南等地。

国外分布：朝鲜、日本、俄罗斯西伯利亚东部。

生　　境：海拔500米以下的路旁、田边、溪旁、沙质地或缓山坡草地。

经济价值：饲料；绿肥植物；全草供药用，有利尿通淋、解热止痢之效。

1mm

0.2cm

胡枝子属 *Lespedeza* Michx.

用于纪念西班牙军官塞斯佩德斯（V. M. de Céspedes，1721？—1794），他在1784—1790年间任东佛罗里达总督，对来此考察的命名人米绍十分照顾。在致米绍的信中，塞斯佩德斯将自己的姓氏拼为Zespedez，米绍本人或其著作的排字工又将其误写为

Lespedez，由此便构成 *Lespedeza* 一名。

　　本属约有40种，分布于东亚至澳大利亚东北部及北美。我国产26种，除新疆外，广布于全国各省区。本属植物多数均能耐干旱，为良好的水土保持植物及固沙植物；嫩枝、叶可作饲料及绿肥；蜜源植物。本书介绍胡枝子 *L. bicolor* Turcz.、绿叶胡枝子 *L. buergeri* Miq.、中华胡枝子 *L. chinensis* G. Don、截叶铁扫帚 *L. cuneata* (Dum. Cours.) G. Don、短梗胡枝子 *L. cyrtobotrya* Miq.、大叶胡枝子 *L. davidii* Franch.、春花胡枝子 *L. dunnii* Schindl.、多花胡枝子 *L. floribunda* Bunge、矮生胡枝子 *L. forrestii* Schindl.、阴山胡枝子 *L. inschanica* (Maxim.) Schindl.、铁马鞭 *L. pilosa* (Thunb.) Siebold & Zucc.、美丽胡枝子 *L. thunbergii* subsp. *formosa* (Vogel) H. Ohashi、绒毛胡枝子 *L. tomentosa* (Thunb.) Siebold ex Maxim. 和细梗胡枝子 *L. virgata* (Thunb.) DC. 13种，1亚种。

4.46 胡枝子 *Lespedeza bicolor* Turcz.

中文别名：随军茶、萩、胡枝条、山扫帚。

拉丁异名：*Lespedeza bicolor* f. *pendula*、*Lespedeza ionocalyx*、*Lespedeza veitchii*、*Lespedeza bicolor* var. *japonica*。

生活类型：直立灌木，高1～3米。

种子特征：肾形，黄绿色或红棕色；表皮有花纹；长约4.0毫米，宽约2.2毫米；千粒重6.9克。

国内分布：黑龙江、吉林、辽宁、河北、内蒙古、山西、陕西、甘肃、山东、江苏、安徽、浙江、福建、台湾、河南、湖南、广东、广西。

国外分布：朝鲜、日本、俄罗斯西伯利亚地区。

生　　境：海拔150～1 000米的山坡、林缘、路旁、灌丛及杂木林间。

经济价值：鲜嫩茎叶为优质青饲料；防风、固沙及水土保持植物；种子油可供食用或作机器润滑油；叶可代茶；枝可编筐。

濒危等级：无危（LC）。

0.24cm

0.22cm   0.4cm

4.47 绿叶胡枝子 *Lespedeza buergeri* Miq.

中文别名：白氏胡枝子、光板小叶乌梢、九月豆、白柄胡枝子。

拉丁异名：*Lespedeza bracteolata*、*Lespedeza buergeri* f. *angustifolia*。

生活类型：灌木，高1～3米。

种子特征：纺锤形或肾形，棕色或黑褐色；表皮光滑；长约4.0毫米，宽约2.0毫米；千粒重6.6克。

国内分布：山西、陕西、甘肃、江苏、安徽、浙江、江西、台湾、河南、湖北、四川。

国外分布：朝鲜、日本。

生　　境：海拔1 500米以下的山坡、林下、山沟和路旁。

经济价值：全草可入药。

濒危等级：无危（LC）。

4.48 中华胡枝子 *Lespedeza chinensis* G. Don

中文别名：华胡枝子（《台湾植物志》）、中华垂枝胡枝子、短叶胡枝子、台湾胡枝子。

拉丁异名：*Lespedeza mucronata*、*Lespedeza formosensis*、*Lespedeza canescens*、*Lespedeza chinensis* var. *nokoensis*。

生活类型：小灌木，高达1米。

种子特征：卵圆形，黄绿色或红棕色；种皮光滑，有光泽；长约2.1毫米，宽约1.5毫米；千粒重1.4克。

国内分布：江苏、安徽、浙江、江西、福建、台湾、湖北、湖南、广东、四川。

生　　境：海拔2 500米以下的灌木丛中、林缘、路旁、山坡、林下草丛等处。

濒危等级：无危（LC）。

4.49 截叶铁扫帚 *Lespedeza cuneata* (Dum. Cours.) G. Don

中文别名：夜关门、绢毛胡枝子、截叶胡枝子、截叶铁扫把、绢毛叶胡枝子、狭果胡枝子、小叶胡枝子。

拉丁异名：*Hedysarum sericeum*、*Lespedeza sericea*、*Anthyllis cuneata*、*Lespedeza juncea* var. *sericea*、*Lespedeza argyraea*、*Aspalathus cuneata*、*Lespedeza sericea* var. *latifolia*、*Lespedeza juncea* var. *glabrescens*、*Lespedeza juncea* var. *subsessilis*、*Indigofera chinensis*。

生活类型：小灌木，高达1米。

种子特征：卵圆形，绿棕色或棕色；表皮具红色花纹；长约1.7毫米，宽约1.2毫米；千粒重1.1克。

国内分布：陕西、甘肃、山东、台湾、河南、湖北、湖南、

1mm

0.2cm

广东、四川、云南、西藏。

国外分布：朝鲜、日本、印度、巴基斯坦、阿富汗、澳大利亚。

生　　境：海拔2 500米以下的山坡路旁。

经济价值：饲料；全株可入药，能活血清热、利尿解毒。

4.50 短梗胡枝子　*Lespedeza cyrtobotrya* Miq.

中文别名：短序胡枝子、圆叶胡枝子、短枝胡枝子。

拉丁异名：*Lespedeza cyrtobotrya* f. *kawachiana*、*Lespedeza anthobotrya*、*Lespedeza kawachiana*。

生活类型：直立灌木，高1～3米。

种子特征：卵圆形，黄绿色或浅棕色；种皮光滑，有光泽；长约2.2毫米，宽约1.4毫米；千粒重2.3克。

国内分布：黑龙江、吉林、辽宁、河北、山西、陕西、甘肃、浙江、江西、河南、广东。

国外分布：朝鲜、日本、俄罗斯。

生　　境：海拔1 500米以下山坡、灌丛或杂木林下。

2mm

0.15cm　　0.14cm　　0.22cm

经济价值：叶可作牧草；枝条可供编织。

濒危等级：无危（LC）。

4.51 大叶胡枝子 *Lespedeza davidii* Franch.

中文别名：大叶乌梢、大叶马料梢、活血丹。

拉丁异名：*Lespedeza hupehensis*、*Lespedeza merrillii*、
Lespedeza davidii var. *exalata*。

生活类型：灌木，高 1 ～ 3 米。

种子特征：椭圆形，黄绿色、棕色或深褐色；扁平；表皮有
褐色花纹；长约3.0毫米，宽约2.0毫米；千粒重
7.9克。

国内分布：河南、安徽、江苏、浙江、江西、湖南、四川、
重庆、贵州、福建、广东、广西。

生　　境：生于海拔800米的干旱山坡、路旁或灌丛中。

经济价值：水土保持植物；根、叶入药，宣开毛窍、通经活络。

4.52 春花胡枝子　*Lespedeza dunnii* Schindl.

中文别名：稀花胡枝子。

拉丁异名：*Lespedeza metcalfii*、*Lespedeza stottsae*。

生活类型：直立灌木。

种子特征：肾形，黄绿色或棕褐色；表皮有花纹；长约4.0毫米，宽约2.5毫米；千粒重7.5克。

国内分布：安徽、福建、浙江。

生　　境：海拔800米的针叶林下或山坡路旁。

经济价值：枝叶可药用，清热解毒。

濒危等级：近危（NT）。

3mm

0.25cm　　0.25cm　　0.45cm

4.53 多花胡枝子　*Lespedeza floribunda* Bunge

中文别名：四川胡枝子、铁鞭草、多花铁扫帚。

拉丁异名：*Lespedeza stollsae*、*Lespedeza dielsiana*、*Lespedeza floribunda* var. *alopecuroides*、*Lespedeza stottsae*。

生活类型：小灌木，高30～60（100）厘米。

种子特征：椭圆形，黄绿色或红棕色；表皮有斑纹；长约2.0毫米，宽约1.4毫米；千粒重6.3克。

国内分布：辽宁（西部及南部）、河北、山西、陕西、宁夏、甘肃、青海、山东、江苏、安徽、江西、福建、河南、湖北、广东、四川。

生　　境：海拔1 300米以下的石质山坡。

濒危等级：无危（LC）。

1mm

0.2cm　　0.22cm　　0.15cm

4.54 矮生胡枝子　*Lespedeza forrestii* Schindl.

中文别名：矮胡枝子、短生胡枝子。

拉丁异名：*Lespedeza pampaninii*、*Lespedeza variegata* var. *cinerascens*。

生活类型：半灌木或灌木，高达20厘米。

种子特征：卵圆形，黄绿色或棕色；表皮有光泽；长约1.5毫米，宽约1.1毫米。

国内分布：云南、四川。

生　　境：海拔2 200～2 800米山坡灌丛中。

濒危等级：无危（LC）。

4.55 阴山胡枝子 *Lespedeza inschanica* (Maxim.) Schindl.

中文别名：白指甲花（《中国主要植物图说·豆科》）、阴山大胡枝子。

拉丁异名：*Lespedeza juncea* var. *inschanica*、*Lespedeza cytisoides* var. *inschanica*、*Lespedeza hedysaroides* var. *inschanica*、*Lespedeza inschanica* var. *flava*。

生活类型：灌木，高达80厘米。

种子特征：肾形，黄绿色、棕色或紫色；表皮有花纹，有光泽；长约2.5毫米，宽约1.4毫米；千粒重3.6克。

国内分布：辽宁、内蒙古、河北、山西、陕西、甘肃、河南、山东、江苏、安徽、湖北、湖南、四川、云南。

国外分布：朝鲜、日本。

生　　境：山坡。

经济价值：可作饲料；可作荒山绿化和水土保持植物；全株可药用。

濒危等级：无危（LC）。

2.5mm

1.5mm

2.5mm

4.56 铁马鞭　*Lespedeza pilosa* (Thunb.) Siebold & Zucc.

中文别名：半边钱、假山豆、铁马鞭胡枝子、铁子鞭。

拉丁异名：*Desmodium pilosum*、*Hedysarum pilosum*、*Lespedeza nantcianensis*、*Lespedeza pilosa* var. *latifolia*。

生活类型：多年生草本，长 60 ～ 80（100）厘米。

种子特征：卵形，黄绿色或棕色；表皮有光泽；长约 2.0 毫米，宽约 1.3 毫米；千粒重 2.0 克。

国内分布：陕西、甘肃、江苏、安徽、浙江、江西、福建、湖北、湖南、广东、四川、贵州、西藏。

国外分布：朝鲜、日本。

生　　境：海拔 1 000 米以下的荒山坡及草地。

经济价值：全株药用，有祛风活络、健胃益气安神之效。

濒危等级：无危（LC）。

2mm

0.14cm   0.2cm   0.15cm

4.57 美丽胡枝子 *Lespedeza thunbergii* subsp. *formosa* （Vogel）H. Ohashi

中文别名：柔毛胡枝子、路生胡枝子、南胡枝子、毛胡枝子。

拉丁异名：*Lespedeza formosa*、*Lespedeza pubescens*、*Lespedeza viatorum*、*Lespedeza wilfordii*、*Meibomia formosa*、*Lespedeza chekiangensis*、*Desmodium formosum*、*Lespedeza formosa* var. *pubescens*、*Lespedeza bicolor* subsp. *formosa*、*Lespedeza penduliflora* subsp. *cathayana*、*Lespedeza wilfordi*、*Lespedeza thunbergii* subsp. *cathayana*、*Lespedeza albiflora*。

生活类型：直立灌木，高1～2米。

种子特征：肾形，黄绿色或棕色；表皮有褐色花纹；长约3.8毫米，宽约2.1毫米；千粒重6.7克。

国内分布: 河北、陕西、甘肃、山东、江苏、安徽、浙江、
　　　　　江西、福建、河南、湖北、湖南、广东、广西、
　　　　　四川、云南。

国外分布: 朝鲜、日本、印度。

生　　境: 海拔2 800米以下山坡、路旁及林缘灌丛中。

濒危等级: 无危（LC）。

2mm

0.22cm　　　　　0.2cm　　　　　0.4cm

4.58 绒毛胡枝子 *Lespedeza tomentosa* (Thunb.) Siebold ex Maxim.

中文别名: 山豆花（《植物名实图考》）、白胡枝子、毛叶胡枝
　　　　　子、白花胡枝子、绒毛铁马鞭。

拉丁异名: *Meibomia tomentosa*、*Desmodium tomentosum*、
　　　　　Lespedeza villosa、*Hedysarum tomentosum*、
　　　　　Hedysarum villosa、*Hedysarum coriaceum*、

Lespedeza macrophylla、*Lespedeza tomentosa* var. *globiracemosa*。

生活类型：灌木，高达1米。

种子特征：纺锤形，红棕色；长约1.7毫米，宽约1.1毫米；千粒重1.6克。

国内分布：除新疆及西藏外，全国各地普遍生长。

生　　境：海拔1 000米以下的山坡草地及灌丛间。

经济价值：饲料；绿肥植物；水土保持植物；根药用，健脾补虚。

4.59 细梗胡枝子　*Lespedeza virgata* (Thunb.) DC.

中文别名：细枝胡枝子。

拉丁异名：*Hedysarum virgatum*、*Lespedeza swinhoei*。

生活类型：小灌木，高25～50厘米，有时可达1米。

种子特征：卵圆形，黄绿色、褐色或棕色；表皮有紫色花纹，有光泽；长约2.4毫米，宽约1.5毫米；千粒重1.5克。

国内分布：自辽宁南部及华北、陕西、甘肃至长江流域各省。

国外分布：朝鲜、日本。

生　　　境：海拔800米以下的石山山坡。
经济价值：全草入药。
濒危等级：无危（LC）。

小槐花属 *Ohwia* H. Ohashi

用于纪念日本植物学家大井次三郎（Jisaburo Ohwi，1905—1977），他是日本豆科植物最杰出的研究者之一，也是日本的标准植物志、日英双语版的《日本植物志》的作者。

本属有2种，产于东亚、东南亚。本书介绍小槐花 *O. caudata* (Thunb.) Ohashi 1种。

4.60 小槐花 *Ohwia caudata* (Thunb.) Ohashi

中文别名：锐叶小槐花、拿身草（广东）、粘身柴咽（广西苍梧）、黏草子（湖南永顺）、粘人麻（江西寻乌）、山扁豆（江苏常熟）。

拉丁异名：*Desmodium caudatum、Meibomia caudata、Desmodium laburnifolium、Hedysarum caudatum、Hedysarum laburnifolium、Catenaria laburnifolia、Catenaria caudata*。

生活类型：直立灌木或亚灌木，高1～2米。

种子特征：长条形，褐色；扁平；长约8.4毫米，宽约3.3毫米；千粒重9.2克。

国内分布：长江以南各省，西至喜马拉雅山，东至台湾。

国外分布：印度、斯里兰卡、不丹、缅甸、马来西亚、日本、朝鲜。

生　　境：海拔150～1 000米的山坡、路旁草地、沟边、林缘或林下。

经济价值：牧草；根、叶供药用，能祛风活血、利尿、杀虫。

濒危等级：无危（LC）。

3mm

0.4cm

0.9cm

排钱树属 *Phyllodium* Desv.

中文别名排钱草属。

本属有7～8种，分布于亚洲热带地区及大洋洲。我国有4种，产于福建、广东、海南、广西、云南及台湾等地。本属有些种类供药用。本书介绍长柱排钱树 *P. kurzianum* (Kuntze) Ohashi 和长叶排钱树 *P. longipes* (Craib) Schindl. 2 种。

4.61 长柱排钱树 *Phyllodium kurzianum* (Kuntze) Ohashi

中文别名：大苞排钱草、缅排钱草、缅排钱树、云南排钱草、云南排钱树、长柱排钱草。

拉丁异名：*Phyllodium kurzii*、*Phyllodium grande*、*Meibomia kurziana*、*Desmodium kurzii*、*Desmodium grande*。

生活类型：灌木，高 1 ～ 2 米。

种子特征：卵圆形，红棕色；长约 3.0 毫米，宽约 2.7 毫米。

国内分布：广东西部、广西南部、云南西部和西南部、海南。

国外分布：缅甸、泰国北部。

生　　境：海拔 1 000 米以下的山坡灌丛中。

濒危等级：无危（LC）。

4.62 长叶排钱树 *Phyllodium longipes* (Craib) Schindl.

中文别名：长叶排钱草、麒麟木。

拉丁异名：*Phyllodium tokinense*、*Desmodium longipes*、*Desmodium tonkinense*、*Phyllodium tonkinense*。

生活类型：灌木，高约1米。

种子特征：宽椭圆形，黄色或棕红色；长约3.0毫米，宽约2.0毫米；千粒重2.9克。

国内分布：广东、广西、云南南部。

国外分布：缅甸、泰国、老挝、柬埔寨、越南。

生　　境：海拔900～1 000米的山地灌丛中或密林中。

经济价值：根、叶供药用，有解表清热、活血散瘀之效。

濒危等级：无危（LC）。

长柄山蚂蟥属 *Hylodesmum* H. Ohashi & R. R. Mill

　　本属约有15种，产于北美洲、东亚至东南亚。我国有7种和4变种，南北均产。本书介绍长柄山蚂蟥 *H. podocarpum* (DC.) H. Ohashi & R. R. Mill 1种和尖叶长柄山蚂蟥 *H. podocarpum* subsp. *oxyphyllum* (DC.) H. Ohashi & R. R. Mill 1亚种。

4.63 长柄山蚂蝗 *Hylodesmum podocarpum*（DC.）H. Ohashi & R. R. Mill

中文别名：长柄山蚂蝗、澜沧长柄山蚂蝗、圆菱叶山蚂蝗。

拉丁异名：*Podocarpium podocarpum*、*Desmodium podocarpum*、*Podocarpium lancangense*、*Hedysarum podocarpum*、*Desmodium bodinieri*、*Hylodesmum lancangense*。

生活类型：直立草本，高50～100厘米。

种子特征：长肾形，黄绿色或红棕色；扁平；表皮光滑，有光泽；长约3.0毫米，宽约1.7毫米；千粒重3.4克。

国内分布：河北、江苏、浙江、安徽、江西、山东、河南、湖北、湖南、广东、广西、四川、贵州、云南、西藏、陕西、甘肃。

国外分布：印度、朝鲜、日本。

2mm

0.2cm   0.3cm   0.2cm

生　　境：海拔120～2 100米的山坡路旁、草坡、次生阔叶
林下或高山草甸处。

濒危等级：无危（LC）。

4.64 尖叶长柄山蚂蟥 *Hylodesmum podocarpum* subsp. *oxyphyllum*（DC.）H. Ohashi & R. R. Mill

中文别名：尖叶长柄山蚂蟥（变种）、山蚂蟥（《中国主要植物图说·豆科》）、小山蚂蟥（《台湾植物志》）、尖叶山蚂蟥。

拉丁异名：*Podocarpium podocarpum* var. *oxyphyllum*、*Hylodesmum oxyphyllum*、*Desmodium japonicum*、*Hedysarum oxyphyllum*、*Meibomia japonica*、*Hedysarum racemosum*、*Desmodium racemosum*、*Meibomia racemosa*、*Desmodium oxyphyllum*、*Podocarpium podocarpum* var. *japonicum*、*Desmodium racemosum* var. *pubescens*、*Desmodium podocarpum* subsp. *oxyphyllum*、*Desmodium oxyphyllum* var. *japonicum*、*Podocarpium mandshuricum*、*Desmodium mandshuricum*、*Desmodium fallax* var. *mandshuricum*、*Desmodium podocarpum* var. *japonicum*、*Desmodium oxyphyllum* var. *mandshuricum*、*Hylodesmum podocarpum* var. *oxyphyllum*、*Podocarpium podocarpum* var. *mandshuricum*、*Desmodium racemosum* var. *mandshuricum*、*Desmodium podocarpum* var. *mandshuricum*。

生活类型：直立草本。

种子特征：肾形，黄绿色或浅棕色；长约2.0毫米，宽约1.3毫米；千粒重2.4克。

国内分布：秦岭淮河以南各省区。

国外分布：印度、尼泊尔、缅甸、朝鲜、日本。

生　　境：海拔400 ～ 2 190米的山坡路旁、沟旁、林缘或阔叶林中。

经济价值：全株供药用，能解表散寒，祛风解毒。

2mm　0.13cm　0.2cm

饿蚂蟥属 *Ototropis* Nees

本属有8种，产于南亚、东亚至东南亚。本书介绍饿蚂蟥 *O. multiflora* (DC.) H. Ohashi & K. Ohashi 1种。

4.65 饿蚂蟥 *Ototropis multiflora* (DC.) H. Ohashi & K. Ohashi

中文别名：山黄豆、红掌草、多花山蚂蝗、饿蚂蝗。

拉丁异名：*Desmodium multiflorum*、*Desmodium sambuense*、*Desmodium floribundum*、*Hedysarum sambuense*、*Desmodium mairei*、*Hedysarum floribundum*、*Desmodium dubium*。

生活类型：灌木，高1 ～ 2米。

种子特征：肾形，黄棕色或红棕色；表皮光滑，有光泽；长约2.4毫米，宽约1.6毫米；千粒重1.2克。

国内分布：浙江、江西、湖南、湖北、四川、重庆、贵州、云南、西藏、福建、台湾、广东、广西。

生　　境：海拔500～2 800米的山坡草地或林缘。

经济价值：花、枝供药用，有清热解表之效。

0.25cm

0.23cm

0.16cm

锥蚂蟥属 *Sunhangia* H. Ohashi & K. Ohashi

用于致敬中国植物学家孙航（Hang Sun，1963— ），他对中国植物的考察做出了巨大贡献，并关注过锥蚂蟥属这一多形属的多样性。

本属有6种，产于南亚，中国南部。本书介绍美花锥蚂蟥 *S. calliantha* (Franch.) H. Ohashi & K. Ohashi 1种。

4.66 美花锥蚂蟥 *Sunhangia calliantha* (Franch.) H. Ohashi & K. Ohashi

中文别名：美花山蚂蝗。

拉丁异名：*Desmodium callianthum*、*Desmodium elegans*

var. *callianthum*、*Desmodium elegans* subsp. *callianthum*。

生活类型：灌木，高达2米。

种子特征：长肾形，红褐色；长约4.2毫米，宽约2.3毫米。

国内分布：云南西北部、四川西部及西南部、西藏东南部。

生　　境：海拔1 700 ~ 3 300米的山坡路旁、灌丛、林中、水沟边或河谷侧坡砾石堆上。

3mm　0.44cm　0.25cm

瓦子草属 *Puhuaea* H. Ohashi & K. Ohashi

用于致敬中国植物学家黄普华（Pu Hwa Huang，1932—2022），他是《中国植物志》和 *Flora of China* 豆科广义山蚂蟥属及其近缘属的作者。

本属有2种。本书介绍滇南瓦子草 *P. megaphylla*（Zoll. & Moritzi）H. Ohashi & K. Ohashi 和瓦子草 *P. sequax*（Wall.）H. Ohashi & K. Ohashi 2种。

4.67 滇南瓦子草 *Puhuaea megaphylla*（Zoll. & Moritzi）H. Ohashi & K. Ohashi

中文别名：滇南山蚂蝗。

拉丁异名：*Desmodium megaphyllum*、*Desmodium prainii*、*Meibomia magaphyllum*、*Desmodium karensium*。

生活类型：灌木，高1～4米。

种子特征：肾形，黄绿色或红棕色；长约2.2毫米，宽约1.2毫米；千粒重1.4克。

国内分布：云南南部和西南部。

国外分布：印度、缅甸、泰国、马来西亚。

生　　境：海拔740～1 850米的山坡林缘或杂木林下。

4.68 瓦子草　*Puhuaea sequax* (Wall.) H. Ohashi & K. Ohashi

中文别名：波叶山蚂蝗（《台湾植物志》）、长波叶山蚂蝗、长波叶饿蚂蝗、长波叶山蚂蟥。

拉丁异名：*Desmodium sequax*、*Desmodium sinuatum*、*Desmodium* *hamulatum*、*Meibomia sequax*、*Desmodium sequax* var. *sinuatum*、*Desmodium strangulatum* var. *sinuatum*、*Desmodium dasylobum*、*Meibomia sinuata*、*Ototropis sequax*。

生活类型：直立灌木，高1～2米。

种子特征：肾形，黄绿色或红褐色；长约2.0毫米，宽约1.3毫米；千粒重2.1克。

国内分布：湖北、湖南、广东西北部、广西、四川、贵州、云南、西藏、台湾。

国外分布：印度、尼泊尔、缅甸、印度尼西亚的爪哇岛、新几内亚。

生　　境：海拔1 000～2 800米的山地草坡或林缘。

1mm　0.15cm　0.2cm

二歧山蚂蟥属 *Bouffordia* H. Ohashi & K. Ohashi

用于致敬美国植物学家戴维·布福（David E. Boufford，1941—），他曾参与了中国、日本和朝鲜半岛的植物志编研工作，是*Flora of China*的编委之一。

本属仅有1种，产于中国西南部（云南）至中南半岛。本书介绍二歧山蚂蟥*B. dichotoma*（Willd.）H. Ohashi & K. Ohashi 1种。

4.69 二歧山蚂蟥 *Bouffordia dichotoma* (Willd.) H. Ohashi & K. Ohashi

中文别名：二歧山蚂蝗。

拉丁异名：*Desmodium dichotomum*、*Hedysarum diffusum*、*Meibomia diffusa*、*Hedysarum dichotomum*。

生活类型：披散草本或亚灌木，高20～80厘米。

种子特征：卵圆形，黄绿色、浅黄色或红棕色；长约2.3毫米，宽约1.5毫米；千粒重2.4克。

国内分布：云南南部、海南。

国外分布：印度、缅甸、马来西亚。

生　　境：灌丛中或林中。

拿身草属 *Sohmaea* H. Ohashi & K. Ohashi

本属有8种，产于亚洲热带地区。本书介绍拿身草*S. laxiflora* (DC.) H. Ohashi & K. Ohashi 和单叶拿身草*S. zonata* (Miq.) H. Ohashi & K. Ohashi 2种。

4.70 拿身草 *Sohmaea laxiflora* (DC.) H. Ohashi & K. Ohashi

中文别名：疏花山蚂蝗（《台湾植物志》）、山豆根（广东翁源)、大叶拿身草。

拉丁异名：*Desmodium laxiflorum*、*Desmodium recurvatum*、*Meibomia laxiflora*、*Desmodium macrophyllum*、*Hedysarum recurvatum*。

生活类型：直立、平卧灌木或亚灌木，高30～120厘米。

种子特征：肾形，红褐色或红棕色；扁平；长约2.6毫米，宽约1.5毫米。

国内分布：江西、湖北、湖南、广东、广西、四川、贵州、云南、台湾。

国外分布：印度、缅甸、泰国、越南、马来西亚、菲律宾。

生　　境：海拔160～2 400米的次生林林缘、灌丛或草坡上。

0.2cm

0.31cm

4.71 单叶拿身草　*Sohmaea zonata* (Miq.) H. Ohashi & K. Ohashi

中文别名：长荚山绿豆(《海南植物志》)。

拉丁异名：*Desmodium zonatum*、*Meibomia zonatum*、*Desmodium shimadai*、*Desmodium shimadae*、*Meibomia zonata*。

生活类型：直立小灌木，高30～80厘米。

种子特征：肾形，黄绿色或红棕色；长约2.5毫米，宽约1.5毫米；千粒重2.8克。

国内分布：广西西南部、贵州（贞丰）、云南南部和台湾（新竹、花莲）；海南白沙、乐东、保亭、三亚。

国外分布：印度、斯里兰卡、缅甸、泰国、越南、马来西亚、印度尼西亚、菲律宾。

生　境：海拔480～1 300米的山地密林中或林缘。

2mm

0.25cm

0.14cm

链荚豆属 *Alysicarpus* Neck. ex Desv.

来自古希腊语词 ἄλυσις（*hálusis*，意为"链条"）和 καρπός（*karpós*，意为"果实"），指本属的荚果膨胀，具数个不开裂的荚节，形似链条。本属的中文名来源于对其学名的直译。

本属约有38种，分布于非洲、亚洲、大洋洲和热带美洲。我国产4种。本书介绍柴胡叶链荚豆*A. bupleurifolius* (L.) DC.和云南链荚豆*A. yunnanensis* Yen C. Yang & P. H. Huang 2种。

4.72 柴胡叶链荚豆 *Alysicarpus bupleurifolius* (L.) DC.

中文别名：长叶炼荚豆、长叶链荚豆、柴胡叶练荚豆、柴胡叶炼荚豆。

拉丁异名：*Fabricia bupleurifolia*、*Hedysarum bupleurifolium*、*Hedysarum gramineum*。

生活类型：多年生草本。

种子特征：圆柱形，黄绿色或红棕色；表皮光滑，有光泽；长约1.8毫米，宽约1.1毫米；千粒重2.5克。

国内分布：广东、广西西南部、云南南部和台湾南部。

国外分布：缅甸、印度、斯里兰卡、马来西亚、菲律宾、毛里求斯、波利尼西亚。

生　　境：海拔150～950米的荒地草丛中、稻田边及山谷阳处。

经济价值：全草药用，有接骨消肿、去腐生肌的功效。

濒危等级：无危（LC）。

4.73 云南链荚豆 *Alysicarpus yunnanensis* Yen C. Yang & P. H. Huang

生活类型：多年生草本，丛生。

种子特征：卵圆形，浅棕色或红棕色；长约2.2毫米，宽约

　　　　　　　　1.5毫米；千粒重1.2克。

国内分布：云南西北部。

生　　境：海拔1 300米的河边石砾堆。

濒危等级：极危（CR）。

特　有　性：我国特有。

0.15cm

0.2cm

0.16cm

山蚂蝗属 *Desmodium* Desv.

　　由古希腊语词δεσμός（*desmós*，意为"锁链，脚镣"）加上词尾部分-ώδιον（*-ódion*，意为"像……的"）构成，指本属的荚果呈念珠状。

　　本属约有100种，多分布于亚热带和热带地区。我国有27种，5变种，大部分布于西南经中南部至东南部，仅1种产于陕西、甘肃西南部。有些种类可供药用。本书介绍蝎尾山蚂蝗 *D. scorpiurus* (Sw.) Desv.、南美山蚂蝗 *D. tortuosum* (Sw.) DC.和银叶山蚂蝗 *D. uncinatum* (Jacq.) DC. 3种。

4.74 蝎尾山蚂蝗　*Desmodium scorpiurus* (Sw.) Desv.

中文别名：蝎尾山蚂蝗、虾尾山蚂蝗。

拉丁异名：*Desmodium akoense*、*Hedysarum scorpiurus*、*Nissoloides cylindrica*、*Meibomia scorpiurus*、*Desmodium multicaulis*、*Desmodium arenarium*。

生活类型：多年生草本。

种子特征：长条形，黄绿色；表皮光滑，有光泽；长约2.2毫米，宽约1.0毫米；千粒重1.0克。

国内分布：台湾南部逸为野生。

国外分布：原产于美洲热带地区。

生　　境：低海拔和中海拔空旷干燥的地方。

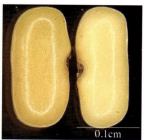

4.75 南美山蚂蟥 *Desmodium tortuosum*（Sw.）DC.

中文别名：扭荚山绿豆、南美山蚂蝗、紫花山蚂蝗。

拉丁异名：*Hedysarum purpureum*、*Desmodium purpureum*、*Meibomia purpurea*、*Meibomia tortuosum*、*Hedysarum tortuosum*。

生活类型：多年生直立草本，高达1米。

种子特征：肾形，黄绿色或棕色；表皮光滑，有光泽；长约2.6毫米，宽约1.6毫米；千粒重2.8克。

国内分布：广州逸生。

国外分布：原产于南美和西印度群岛，印度尼西亚爪哇岛、巴布亚新几内亚东部和南部也有引种。

生　　境：荒地、平原。

4.76 银叶山蚂蝗 *Desmodium uncinatum* (Jacq.) DC.

中文别名：银叶山蚂蝗、粗三叶草。

生活类型：多年生蔓生草本。

种子特征：肾形，黄绿色；表皮光滑，有光泽；长约2.1毫米，宽约1.5毫米；千粒重1.2克。

国内分布：广东、广西等地有引种。

国外分布：原产于巴西、委内瑞拉和澳大利亚北部。

经济价值：可供放牧、青刈和调制干草；优良的绿肥覆盖
植物。

三叉刺属 *Trifidacanthus* Merr.

本属仅有1种，分布于菲律宾、越南和我国海南。本书介绍三
叉刺 *T. unifoliolatus* Merr. 1种。

4.77 三叉刺 *Trifidacanthus unifoliolatus* Merr.

拉丁异名：*Desmodium horridum*、*Desmodium unifoliolatum*。

生活类型：直立多分枝小灌木，高1～2米。

种子特征：长肾形，红棕色；长约5.3毫米，宽约2.6毫米；
千粒重6.7克。

国内分布：海南东方、乐东、三亚等地。

国外分布：菲律宾、越南。

生　　境：海拔200米的稀树干草原中的旱生灌丛中或河旁疏
林中。

濒危等级：无危（LC）。

舞草属 *Codariocalyx* Hassk.

本属仅有2种，产于亚洲热带地区至大洋洲。我国均产。本书

介绍舞草 *C. motorius*（Houttuyn）H. Ohashi 1种。

4.78 舞草 *Codoriocalyx motorius*（Houttuyn）H. Ohashi

中文别名：钟萼豆（《台湾植物志》）、跳舞草、风流草。

拉丁异名：*Codariocalyx motorius*、*Desmodium roylei*、*Desmodium motorium*、*Pseudarthria gyrans*、*Hedysarum motorium*、*Hedysarum gyrans*、*Desmodium gyrans*、*Codariocalyx gyrans*、*Desmodium gyrans* var. *roylei*、*Codoriocalyx gyrans*、*Codoriocalyx motorius* var. *glaber*、*Hedysarum motorius*。

生活类型：直立小灌木，高达1.5米。

种子特征：肾形，黄绿色或红棕色；扁平，有花纹；长约3.0毫米，宽约2.1毫米；千粒重3.8克。

国内分布：福建、江西、广东、广西、四川、贵州、云南、台湾。

国外分布：印度、尼泊尔、不丹、斯里兰卡、泰国、缅甸、老挝、印度尼西亚、马来西亚。

生　　境：海拔200～1 500米的丘陵山坡或山沟灌丛中。

经济价值：全株供药用，有舒筋活络、祛瘀之效。

濒危等级：无危（LC）。

假地豆属 *Grona* Lour.

来自古希腊语词 γρώνη（*grónē*，意为"洞穴，空船"），指假地豆的龙骨瓣中部以下合生，底部又开成洞穴状。

本属约有44种，广布于热带和亚热带地区。本书介绍三点金 *G. triflora* (L.) H. Ohashi & K. Ohashi 1 种。

4.79 三点金 *Grona triflora* (L.) H. Ohashi & K. Ohashi

中文别名：蝇翅草、三点金草（《台湾植物志》）。

拉丁异名：*Desmodium triflorum*、*Meibomia triflora*、*Pleurolobus triflorus*、*Nicolsonia triflora*、*Nicolsonia reptans*、*Hedysarum biflorum*、*Sagotia triflora*、*Hedysarum stipulaceum*、*Hedysarum granulatum*、*Aeschynomene triflora*、*Hedysarum triflorum*、*Meibomia triflora* var. *pilosa*、*Meibomia triflora* f. *violacea*、*Meibomia triflora* f. *virescens*、*Meibomia triflora* f. *flavescens*、*Meibomia triflora* var. *glabrescens* f. *violacea*、*Meibomia triflora* var. *glabrescens* f. *purpurea*、*Meibomia triflora* var. *glabrescens* f. *coerulescens*、*Desmodium triflorum* var. *adpressum*。

生活类型：多年生草本，高10 ~ 50厘米。

种子特征：肾形，黄色、绿棕色或红棕色；长约2.2毫米，宽约1.5毫米；千粒重1.8克。

国内分布：浙江（龙泉）、福建、江西、广东、海南、广西、云南、台湾。

国外分布：印度、斯里兰卡、尼泊尔、缅甸、泰国、越南、马来西亚、太平洋群岛、大洋洲、美洲热带地区。

生　　境：海拔180～570米的旷野草地、路旁或河边沙
　　　　　土上。
经济价值：全草入药，有解表、消食之效。

0.2cm　　　1.5mm　　　2.2mm

狸尾豆属 *Uraria* Desv.

由古希腊语词οὐρά′（ourā′，意为"尾"）加上后缀-aria（为
形容词后缀-arius，-a，-um的阴性名词化形式）构成，指本属的花
序多花，通常密集，状如兽尾。

本属约有24种，主要分布于非洲热带地区、亚洲和澳大利亚。
我国产9种，自西南部经中南至东南部；海南有3种，1变种。本
书介绍中华狸尾豆 *U. sinensis* (Hemsl.) Franch. 1种。

4.80 中华狸尾豆 *Uraria sinensis* (Hemsl.) Franch.

中文别名：中华兔尾草、华南兔尾草、云南猫尾草。

拉丁异名：*Desmodium bonatianum*、*Uraria hamosa* var. *sinensis*。

生活类型：亚灌木，高约1米。

种子特征：肾形、黄绿色或棕色；具光泽；长约2.7毫米，宽约2.2毫米。

国内分布：湖北、四川、贵州、云南、陕西（勉县）、甘肃（文县）。

生　境：海拔500～2 300米的干燥河谷山坡、疏林下、灌丛中或高山草原。

经济价值：全草可入药。

濒危等级：无危（LC）。

特 有 性：我国特有。

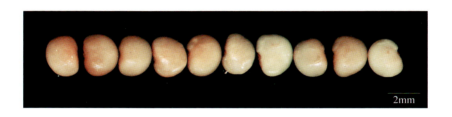

2mm

千斤拔属 *Flemingia* Roxb. ex W. T. Aiton

由威廉·罗克斯伯勒（印度植物学史上最重要的人物之一）命名，他在1820年指出此名用于致敬英国医生约翰·弗莱明（John Fleming，1747—1829）。

本属约有30种，分布于亚洲热带地区、非洲和大洋洲。我国产16种及1变种，分布于西南、中南和东南各省区；海南有4种。本书介绍细叶千斤拔 *F. lineata* (L.) Roxb. ex W. T. Aiton 1种。

4.81 细叶千斤拔 *Flemingia lineata* (L.) Roxb. ex W. T. Aiton

中文别名：腺毛千斤拔、线叶佛来明豆。

拉丁异名：*Flemingia glutinosa*、*Moghania lineata*、*Hedysarum lineatum*、*Flemingia lineata* var. *glutinosa*、*Maughania lineata*、*Flemingia lineata* var. *papuana*、*Flemingia macrophylla* var. *nana*。

生活类型：直立亚灌木，高0.4～1米。

种子特征：近圆形，黑褐色；直径约2.0毫米；千粒重15.6克。

国内分布：云南南部、广西（龙州）。

国外分布：缅甸、泰国、老挝、越南。

生　　境：山坡和平原路旁灌丛中。

鹿藿属 *Rhynchosia* Lour.

本属约有250种，分布于热带和亚热带地区，但以亚洲和非洲最多。我国有13种，主要分布于长江以南各省区；海南有2种。本书介绍淡红鹿藿 *R. rufescens* (Willd.) DC. 1种。

4.82 淡红鹿藿 *Rhynchosia rufescens* (Willd.) DC.

中文别名：带赤鹿藿。

拉丁异名：*Glycine rufescens*。

生活类型：匍匐或攀缘状或近直立灌木。

种子特征：近椭圆形，深绿色或棕色或黑色；表皮具花纹；有肉质的种阜；长约3.5毫米，宽约3.0毫米；千粒重19.8克。

国内分布：云南、广西。

国外分布：印度、斯里兰卡、柬埔寨、马来西亚、印度尼西亚。

生　　境：河谷灌丛草坡上。

濒危等级：无危（LC）。

3mm

0.2cm

0.2cm

野扁豆属 *Dunbaria* Wight & Arn.

为纪念乔治·邓巴（Georgr Dunba，1784—1851）教授，他是本属作者罗伯特·怀特（Robert Wight，1796—1872）和乔治·阿诺特·沃克·阿诺特（George Arnott Walker Arnott，1799—1868）的好友与同事。乔治·邓巴年轻时本是一名园艺师，但因从树上坠落使之无法从事体力劳动，后转而从事希腊语言学研究。

本属约有20种，分布于亚洲热带地区和大洋洲。我国有8种，分布于西南、中南及东南部各省区；海南有5种。本书介

绍腺毛野扁豆 *D. glandulosa*（Dalzell & A.Gibson）Prain 和野扁豆 *D. villosa*（Thunb.）Makino 2 种。

4.83 腺毛野扁豆 *Dunbaria glandulosa*（Dalzell & A. Gibson）Prain

拉丁异名：*Cajanus glandulosus*、*Atylosia rostrata*。

生活类型：多年生缠绕草本。

种子特征：近球形，深绿色或棕黑色；长约4.5毫米，宽约4.0毫米；千粒重17.3克。

国内分布：云南、海南。

国外分布：孟加拉国、印度、缅甸、尼泊尔、泰国。

4.84 野扁豆 *Dunbaria villosa*（Thunb.）Makino

中文别名：野赤小豆、毛野扁豆、山扁豆、野黄豆、野绿豆、野毛扁豆。

拉丁异名：*Atylosia subrhombea*、*Glycine villosa*、*Dunbaria subrhombea*。

生活类型：多年生缠绕草本。

种子特征：近圆形，黑色；表皮有明显花纹；长约4.0毫米，宽约3.0毫米；千粒重17.3克。

国内分布：江苏、浙江、安徽、江西、湖北、湖南、广西、贵州。

国外分布：日本、朝鲜、老挝、越南、柬埔寨。

生　　境：旷野或山谷路旁灌丛中。

经济价值：种子可入药，清热解毒，消肿止带；可榨取工业
用油。

濒危等级：无危（LC）。

刺桐属 *Erythrina* L.

由古希腊语词ἐρυθρός(*eruthrós*，意为"红色"）加上后缀-ina
构成，指本属的花常为红色。

本属约有120种，分布于全球热带和亚热带地区。我国有5
种，产于西南部至南部，引入栽培的约有5种。本属植物木材
可作器具或造纸原料；观赏植物；根和树皮入药；紫胶虫寄生
树；种子含有脂肪油。本书介绍鸡冠刺桐*E. crista-galli* L.和刺桐
E. variegata L. 2种。

4.85 鸡冠刺桐 *Erythrina crista-galli* L.

中文别名：冠刺桐、鸡冠豆、美丽刺桐。

拉丁异名：*Erythrina laurifolia*、*Micropteryx fasiculata*、
Corallodendron crista-galli、*Micropteryx crista-galli*、*Micropteryx laurifolia*。

生活类型：落叶灌木或小乔木。

种子特征：长圆形，亮褐色；具黑色花纹；长约14.3毫米，宽约8.2毫米；千粒重435.0克。

国内分布：台湾、云南（西双版纳）有栽培。

国外分布：原产于巴西。

经济价值：可供庭园观赏；树皮供药用。

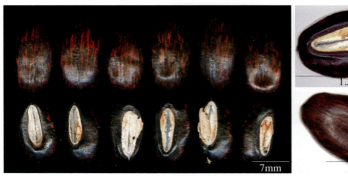

4.86 刺桐 *Erythrina variegata* L.

中文别名：海桐、海桐皮、鸡公树、鸡桐木、广东象牙红、黄脉刺桐、印度刺桐。

拉丁异名：*Gelala litorea*、*Gelala alba*、*Tetradapa javanorum*、*Erythrina indica*、*Erythrina loureiri*、*Erythrina orientalis*、*Erythrina corallodendron* var. *orientalis*、*Erythrina variegata* var. *orientalis*、*Erythrina loureiroi*、*Corallodendron orientale*。

生活类型：大乔木，高可达20米。

种子特征：肾形，暗红色；表皮有光泽，具黑色花纹；长约1.4厘米，宽约0.7厘米；千粒重348.8克。

国内分布：台湾、福建、广东、广西。

国外分布：马来西亚、印度尼西亚、柬埔寨、老挝、越南。

经济价值：观赏树木；树皮或根皮入药，治风湿麻木，跌打损伤。

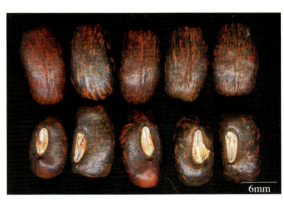

1.5cm

0.7cm

6mm

硬皮豆属 *Macrotyloma* (Wight & Arn.) Verdc.

来自古希腊语词μακρός（*makrós*，意为"长"）和τύλωμα（*túlōma*，意为"肿胀，胼胝"），指该组的柱头大，头状，无毛。该名后于1970年提升为属名。

本属有24种，分布于亚洲及非洲。我国台湾有1种。本书介绍硬皮豆*M. uniflorum* (Lam.) Verdc. 1种。

4.87 硬皮豆 *Macrotyloma uniflorum* (Lam.) Verdc.

中文别名：长硬皮豆（《台湾植物志》）。

拉丁异名：*Dolichos uniflorus*、*Dolichos benadirianus*。

生活类型：多年生或一年生攀缘草本，高达60厘米。

种子特征：长圆形或圆肾形，浅棕色或深红棕色；长约5.5毫米，宽约3.5毫米；千粒重22.1克。

国内分布：台湾南部（屏东）、海南。

国外分布：非洲，现在热带地区已作为覆盖植物广泛栽培。

生　　境：干旱的灌丛中。

经济价值：饲料；绿肥植物。

扁豆属 *Lablab* Adans.

本属仅有1种。原产于撒哈拉以南非洲，今全世界热带地区均有栽培。本文介绍扁豆*L. purpureus* (Linn.) Sweet 1种。

4.88 扁豆 *Lablab purpureus* (Linn.) Sweet

中文别名：藕豆、白花扁豆、鹊豆、沿篱豆、藤豆、膨皮豆、火镰扁豆、扁豆根、片豆、梅豆。

拉丁异名：*Dolichos bengalensis*、*Lablab lablab*、*Vigna aristata*、*Lablab vulgaris*、*Lablab niger*、*Dolichos purpureus*、*Dolichos lablab*、*Lablab vulgaris* var. *albiflorus*、*Dolichos lablab* var. *albiflorus*、*Dolichos albus*。

生活类型：多年生缠绕藤本。

种子特征：长椭圆形，红黑色；扁平，种脐线形，长约占种子特征周围的2/5；长约1.1厘米，宽约0.8厘米；千粒重276.5克。

国内分布：广泛栽培。

国外分布：热带地区均有栽培。

经济价值：新鲜茎叶是家畜的优良饲料，秸秆晒干可作饲料；绿肥植物；嫩荚可作蔬食；白花和白色种子可入药，有消暑除湿，健脾止泻之效。

豇豆属 *Vigna* Savi

用于纪念意大利植物学家、比萨植物园园长多梅尼科·维尼亚（Domenico Vigna，1577?—1647）。

本属约有100种，广布于热带和亚热带地区。我国有16种、3亚种、3变种，产于东南部、南部至西南部。本书介绍乌头叶豇豆 *V. aconitifolia* (Jacq.) Verdc.、长叶豇豆 *Vigna luteola* (Jacq.) Benth.、滨豇豆 *V. marina* (Burm.) Merr.、贼小豆 *V. minima* (Roxb.) Ohwi & H. Ohashi、长豇豆 *V. unguiculata* subsp. *sesquipedalis* (L.) Verdc.和野豇豆 *Vigna vexillata* (L.) A. Rich. 5种，1亚种。

4.89 乌头叶豇豆 *Vigna aconitifolia* (Jacq.) Verdc.

中文别名：乌头叶菜豆（《中国主要植物图说·豆科》）、乌头叶豆。

拉丁异名：*Vigna aconitifolius*、*Dolichos dissectus*、*Phaseolus palmatus*、*Phaseolus aconitifolius*。

生活类型：一年生草本。

种子特征：椭圆形，黄色、红棕色或杂以黑斑；种脐白色，线形；长约4.0毫米，宽约2.0毫米；千粒重11.4克。

国内分布：云南。

国外分布：印度、巴基斯坦、缅甸、斯里兰卡、美国。

生　　境：海拔1 000米左右的草地上。

经济价值：茎、叶可作饲料或绿肥；嫩荚可作蔬菜，成熟的种子可煮食。

濒危等级：无危（LC）。

0.3cm

0.2cm

0.37cm

4.90 长叶豇豆 *Vigna luteola* (Jacq.) Benth.

中文别名：狭叶豇豆。

拉丁异名：*Vigna acuminata*、*Vigna repens*、*Phaseolus luteolus*、*Dolichos repens*、*Dolichos luteolus*、*Vigna repens* var. *luteola*、*Vigna glabra*、*Vigna repens* var. *glabra*。

生活类型：多年生攀缘植物，长1.2 ～ 2.4米。

种子特征：长圆形或卵状菱形，暗红棕色或灰棕色而染有黑点；种脐长圆形；长5.2毫米，宽2.8毫米。

国内分布：台湾南部。

国外分布：广布于热带地区。

生　　境：生于湿地上。

濒危等级：无危（LC）

特 有 性：我国特有。

0.5cm

0.52cm

0.3cm

4.91 滨豇豆 *Vigna marina* (Burm.) Merr.

中文别名：滨海豇豆、海豇豆、豆仔藤。

拉丁异名：*Vigna lutea*、*Scytalis retusa*、*Vigna retusa*、*Vigna anomala*、*Phaseolus marinus*、*Dolichos luteus*、*Vigna repens* var. *lutea*。

生活类型：多年生匍匐或攀缘草本。

种子特征：长圆形，黄褐色或红棕色；种脐长圆形，一端稍狭，种脐周围的种皮稍隆起；长5.0毫米，宽4.5毫米；千粒重50.2克。

国内分布：台湾、海南（西沙群岛）。
国外分布：广布于热带地区。
生　　境：海边沙地。
濒危等级：无危（LC）。

0.5cm

0.4cm

5mm

4.92 贼小豆　*Vigna minima* (Roxb.) Ohwi & H. Ohashi

中文别名：狭叶菜豆（《海南植物志》）、山绿豆、小豇豆、细茎豇豆、细叶小豇豆。

拉丁异名：*Vigna gracilicaulis*、*Vigna minima* f. *linearis*、*Phaseolus heterophyllus*、*Phaseolus minimus*、*Phaseolus rotundifolius*、*Phaseolus gracilicaulis*、*Azukia minima*、*Vigna minima* f. *linealis*、*Vigna minima* f. *heterophylla*、*Vigna umbellata* var. *gracilis*、*Vigna lutea* var. *minor*、*Phaseolus calcaratus* var. *gracilis*、*Phaseolus minimus* f. *rotundifolius*、*Phaseolus minimus* f. *linealia*、*Phaseolus minimus* f. *heterophyllus*、*Phaseolus minimus* f. *typicus*、*Vigna dimorphophylla*、*Phaseolus minimus* f. *linearis*、

Vigna minima var. *minor*。

生活类型：一年生缠绕草本。

种子特征：长圆形，深棕色或深灰色；种脐线形，凸起；长约4.0毫米，宽约2.0毫米；千粒重17.8克。

国内分布：我国北部、东南部至南部。

国外分布：日本、菲律宾。

生　境：旷野、草丛或灌丛中。

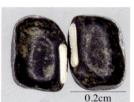

0.2cm

0.2cm

0.4cm

4.93 长豇豆　*Vigna unguiculata* subsp. *sesquipedalis* (L.) Verdc.

中文别名：尺八豇、豆角、长红豆、线豇豆、长豆角。

拉丁异名：*Dolichos sesquipedalis*、*Vigna sesquipedalis*、*Vigna sinensis* subsp. *sesquipedalis*、*Vigna unguiculata* var. *sesquipedalis*、*Vigna sinensis* var. *sesquipedalis*。

生活类型：一年生攀缘植物，长2～4米。

种子特征：长肾形，红棕色或红褐色；长1.1厘米，宽约0.7厘米；千粒重95.6克。

国内分布：我国各地常见栽培。

国外分布：非洲及亚洲的热带及温带地区均有栽培。

经济价值：种子、荚壳、豆粒均为优质蛋白质饲料；嫩荚或
　　　　　种子可食用，可入药，有理中益气、补肾、健脾
　　　　　之功效。

4.94 野豇豆 *Vigna vexillata* (L.) A. Rich.

中文别名：山土瓜（《植物名实图考》）、云南山土瓜（《云南
　　　　　植物名录》）、山马豆根（昆明）、云南野豇豆。

拉丁异名：*Phaseolus vexillatus*、*Vigna vexillata* var. *pluriflora*、
　　　　　Vigna vexillata var. *yunnanensis*。

生活类型：多年生攀缘或蔓生草本。

种子特征：长圆形或长圆状肾形，浅黄至黑色，无斑点或棕

色至深红而有黑色之溅点；长约5.0毫米，宽约3.5
毫米；千粒重8.5克。

国内分布：我国华东、华南至西南各省区。

国外分布：全球热带、亚热带地区广布。

生　　境：于旷野、灌丛或疏林中。

经济价值：根或全株作草药，有清热解毒、消肿止痛、利咽
喉的功效。

菜豆属 *Phaseolus* L.

来自古典拉丁语词phaseolus，本指豇豆（*Vigna unguiculata*）；
该词由phaselus（意同phaseolus）加上指小后缀-olus构成，phaselus
又来自古希腊语词φάσηλος（*phásēlos*）。当菜豆从美洲传入欧洲，
近代欧洲植物学家便将此名转用于菜豆和菜豆属。

本属约有80种，分布于全世界的温暖地区，尤以美洲热带地
区为多；我国有3种，南北均有分布，为栽培种。本书介绍荷包豆
P. coccineus L. 1种。

4.95 荷包豆 *Phaseolus coccineus* L.

中文别名：红花菜豆、龙爪豆、多花菜豆（《中国主要植物图
说·豆科》）、看豆、看花豆、花豆。

拉丁异名：*Phaseolus sylvestris*、*Phaseolus obvallatus*、*Phaseolus
multiflorus*、*Phaseolus coccineus* subsp. *obvallatus*、
Phaseolus multiflorus var. *coccineus*、*Phaseolus
coccineus* subsp. *obvallatus*。

生活类型：多年生缠绕草本。

种子特征：阔长圆形，深红色；具黑色花纹；长0.8厘米，宽
0.5厘米；千粒重559.4克。

国内分布：东北、华北至西南有栽培。

国外分布：原产于中美洲，现各温带地区广泛栽培。

经济价值：嫩荚、种子可供食用；观赏植物。

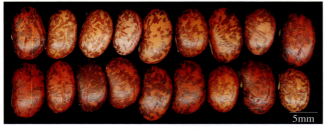

大翼豆属 *Macroptilium*（Benth.）Urban

本属约有20种，分布于美洲；我国引入栽培有2种。本书介绍紫花大翼豆 *M. atropurpureum*（DC.）Urb. 和大翼豆 *M. lathyroides*（Linn.）Urban 2种.

4.96 紫花大翼豆 *Macroptilium atropurpureum*（DC.）Urb.

中文别名：赛刍豆。

拉丁异名：*Phaseolus dysophyllus*、*Phaseolus canescens*、*Phaseolus schiedeanus*、*Phaseolus affinis*、*Phaseolus vestitus*、*Phaseolus atropurpureus*、*Phaseolus atropurpureus* var. *vestitus*、*Phaseolus atropurpureus* var. *pseuderythroloma*、*Phaseolus atropurpureus* var. *ecuadoriensis*、*Phaseolus atropurpureus* var. *canescens*、*Phaseolus semierectus* var. *atropurpureus*。

生活类型：多年生蔓生草本。

种子特征：近方形，绿色；具棕色及黑色大理石花纹；具凹痕；长3.0毫米，宽约2.0毫米；千粒重7.5克。

国内分布：广东及广东沿海岛屿有栽培。

国外分布：原产于美洲热带地区，现世界上热带、亚热带许多地区均有栽培或已在当地归化。

生　　境：年降水量在750～1 800毫米的热带地区。

经济价值：高产牧草。

3mm

2mm

4.97 大翼豆 *Macroptilium lathyroides* (Linn.) Urban

中文别名：宽翼豆、长序菜豆。

拉丁异名：*Phaseolus lathyroides*、*Phaseolus semierectus*、*Phaseolus lathyroides* var. *semierectus*、*Macroptilium lathyroides* var. *semierectum*。

生活类型：一年生或二年生直立草本，高0.6～1.5米，有时蔓生或缠绕。

种子特征：椭圆形，绿色或棕色；或具棕色及黑色斑纹；具凹痕；长约3.8毫米，宽约2.6毫米；千粒重13.1克。

国内分布：广东、福建有栽培。

国外分布：原产于美洲热带地区，现广泛栽培于热带、亚热带地区。

生　　境：年降水量750～2 000毫米的地区。

经济价值：可作混合饲料。

2mm

3mm

2mm

琼豆属 *Teyleria* Backer

用于纪念荷兰哈勒姆的丝绸制造商和科学赞助人范德许尔斯特（P. T. van der Hulst，1702—1778）。属中文名得名于海南省的简称，因本属模式种琼豆在国内的模式标本采自海南岛。

本属有3～4种，分布于印度尼西亚（爪哇岛）和我国海南、云南。本书介绍琼豆*T. tetragona*（Merr.）J. A. Lackey ex Maesen和紫花琼豆*T. stricta*（Kurz）A. N. Egan & B. Pan bis 2种。

4.98 紫花琼豆 *Teyleria stricta*（Kurz）A. N. Egan & B. Pan bis

中文别名：小花野葛、思茅乳豆。

拉丁异名：*Pueraria stricta*、*Pueraria hirsuta*、*Pueraria siamica*、*Pueraria collettii*、*Pueraria longicarpa*、*Pueraria brachycarpa*、*Pueraria collettii* var. *siamica*、*Galactia simaoensis*。

生活类型：灌木，偶蔓生。

种子特征：卵形，褐色或黑色；种皮上有细疣点；长约4.0毫米，宽约3.0毫米；千粒重11.8克。

国内分布：云南南部（普洱、西双版纳）。

国外分布：缅甸、泰国。

生　　境：林中或草地上。

0.2cm

3mm

0.2cm

4.99 琼豆 *Teyleria tetragona* (Merr.) J. A. Lackey ex Maesen

拉丁异名：*Teyleria koordersii*、*Glycine koordersii*、*Glycine hainanensis*。

生活类型：多年生缠绕草本。

种子特征：近方形，成熟时褐色；表皮有光泽，具花纹；种阜短，舌状；长约3.0毫米，宽约3.0毫米；千粒重8.3克。

0.3cm

0.3cm

0.3cm

国内分布：海南昌江、东方、白沙、三亚。
国外分布：印度尼西亚（爪哇岛）。
生　　境：旷野灌木丛内或疏林中。

豆薯属 *Pachyrhizus* Rich. ex DC.

来自古希腊语词παχύς（*pakhús*，意为"厚"）和ῥίζα（*rhíza*，意为"根"），指本属植物具发达的肥厚块根。中文名豆薯一名始见于1928年日本植物学者佐木舜一所著《台湾植物名录》，盖指本属植物既属豆科，又具肉质、肥厚、可供食用之块根。

本属有5种，原产于美洲热带地区；我国东南部至西南部引入栽培有1种。本书介绍豆薯*P. erosus* (L.) Urb. 1种。

4.100 豆薯 *Pachyrhizus erosus* (L.) Urb.

中文别名：沙葛（广东、广西）、地瓜（云南、贵州）、凉薯（湖南）、番葛（广东）。

拉丁异名：*Dolichos articulatus*、*Taeniocarpum articulatum*、*Stizolobium bulbosum*、*Cacara bulbosa*、*Dolichos erosus*、*Pachyrhizus bulbosus*、*Pachyrhizus angulatus*、*Dolichos bulbosus*。

生活类型：粗壮、缠绕、草质藤本。

种子特征：近方形，黄棕色或红棕色；扁平；长和宽各约7.0毫米；千粒重174.9克。

7mm　2mm　2mm

国内分布：台湾、福建、广东、海南、广西、云南、四川、贵州、湖南和湖北等地均有栽培。

国外分布：原产于美洲热带地区，现许多热带地区均有种植。

经济价值：块根可生食或熟食；种子含鱼藤酮可作杀虫剂，防治蚜虫。

葛属 *Pueraria* DC.

用于致敬瑞士植物学家马克·尼古拉斯·普埃拉里（Marc Nicolas Puerari，1766—1845）。本属中文名"葛"是中国古代对本属植物的统称，并一直沿用至今。

本属约有20种，分布于印度至日本，东南亚至澳大利亚。我国产8种及2变种，主要分布于西南部、中南部至东南部。本属中有些种类的根可供药用。本书介绍粉葛 *P. montana* var. *thomsonii* (Benth.) Wiersema ex D. B. Ward 1变种。

4.101 粉葛 *Pueraria montana* var. *thomsonii* (Benth.) Wiersema ex D. B. Ward

中文别名：甘葛藤、甘葛、大葛藤。

拉丁异名：*Pueraria lobata* var. *thomsonii*、*Pueraria thomsonii*、*Pueraria chinensis*、*Pachyrhizus trilobus*、*Dolichos grandifolius*、*Pueraria lobata* subsp. *thomsonii*、*Pueraria thomsoni*。

生活类型：粗壮藤本。

种子特征：肾形或长圆形，棕色；表皮有黑色花纹；长约4.6毫米，宽约3.6毫米；千粒重35.0克。

国内分布：云南、四川、西藏、江西、广西、广东；海南定安、琼中、三亚。

国外分布：老挝、泰国、缅甸、不丹、印度、菲律宾。

生　　境：山野灌丛或疏林中。

经济价值：块根含淀粉，供食用，所提取的淀粉称葛粉。

濒危等级：无危（LC）。

大豆属　*Glycine* Willd.

林奈命名。由古希腊语形容词γλυκύς（*glukús*，意为"甜"）或其阴性名词化形式γλυκεîα（glukeîa，为洋甘草*Glycyrrhiza glabra*的别名）加上形容词后缀-ɩνος（-inos）的阴性名词化形式-ίνη（-ínē）构成。此后经过分类学变动，*Glycine*转而作为大豆属学名。中文名"大豆"一名称似最早见于中国古代秦汉时期的《神农百草经》。

本属约有29种，分布于东半球热带、亚热带至温带地区。我国产6种；海南有1栽培种。本书介绍野大豆*G. soja* Siebold & Zucc. 1种。

4.102　野大豆　*Glycine soja* Siebold & Zucc.

中文别名：小落豆、落豆秧（东北）、山黄豆、乌豆、野黄豆（广西）、白花宽叶蔓豆、白花野大豆、黑壳豆。

拉丁异名：*Glycine gracilis* var. *nigra*、*Glycine soja* var. *albiflora*、*Glycine soja* var. *albiflora* f. *angustifolia*、*Glycine soja* f. *angustifolia*、*Glycine gracilis* var. *nigra-*

brunnea、*Glycine formosana*、*Glycine ussuriensis*、*Rhynchosia argyi*、*Glycine soja* f. *nigra*、*Glycine soja* f. *ovata*、*Glycine soja* f. *maximowiczii*、*Glycine soja* f. *lanceolata*、*Glycine soja* f. *linearifolia*、*Glycine soja* subsp. *formosana*、*Glycine max* subsp. *formosana*、*Glycine max* subsp. *soja*、*Glycine soja* var. *maximowiczii*、*Glycine ussuriensis* var. *brevifolia*、*Glycine soja* var. *ovata*、*Glycine ussuriensis* var. *angustata*、*Glycine soja* var. *lanceolata*。

生活类型：一年生缠绕草本，长1～4米。

种子特征：椭圆形，褐色或黑色；稍扁；长约3.0毫米，宽约2.0毫米；千粒重12.8克。

国内分布：除新疆、青海和海南外，遍布全国。

生　境：海拔150～2 650米潮湿的田边、园边、沟旁、河岸、湖边、沼泽、草甸、沿海和岛屿向阳的矮灌木丛或芦苇丛中，稀见于沿河岸疏林下。

经济价值：全株为家畜喜食的饲料，优良牧草；可用作绿肥和水土保持；茎皮纤维可织麻袋；种子供食用、制酱油和豆腐等；种子可榨油，油粕是优良饲料和肥

0.2cm

0.2cm

0.2cm

料；全草可药用，有补气血、强壮、利尿等功效。

保护等级：国家二级保护植物。

两型豆属 *Amphicarpaea* Elliot

来自希腊语前缀αμφι-（amphi-，意为"有两（方）面的"，又来自古希腊语词άμφί[amphí，意为"在……周围"）和单词καρπός（karpós，意为"果实"），指本属多数种具有地上果和地下果两种果实。中文名"两型豆"来源于对学名的直译。

本属约有3种，分布于北美洲、亚洲南部至东部。我国产3种。本书介绍两型豆*A. edgeworthii* Benth. 1种。

4.103 两型豆 *Amphicarpaea edgeworthii* Benth.

中文别名：阴阳豆（《种子植物名称》）、三籽两型豆（《中国高等植物图鉴》）、山巴豆（吉林）、野毛扁豆、野扁豆、三粒两型豆、宿苞两型豆。

拉丁异名：*Glycine monoica*、*Falcata japonica*、*Falcata edgeworthii*、*Amphicarpaea japonica*、*Shuteria trisperma*、*Falcata comosa* var. *japonica*、*Amphicarpaea edgeworthii* var. *trisperma*、*Amphicarpaea edgeworthii* var. *japonica*、*Amphicarpaea edgeworthii* var. *japonica* f. *aidzuensis*、*Amphicarpaea bracteata* subsp. *edgeworthii* var. *japonica*、*Amphicarpaea trisperma*、*Amphicarpaea edgeworthii* f. *aidzuensis*、*Amphicarpaea bracteata* subsp. *edgeworthii*。

生活类型：一年生缠绕草本。

种子特征：肾状圆形，黑褐色或黑色；种脐小；表皮光滑，有斑纹；长约3.6毫米，宽约3.0毫米；千粒重8.4克。

国内分布：东北、华北至陕西、甘肃及江南各省。
国外分布：俄罗斯、朝鲜、日本、越南、印度。
生　　境：海拔300 ～ 1 800米的山坡路旁及旷野草地上。
濒危等级：无危（LC）。

补骨脂属 *Cullen* Medik.

本属约有36种，主要产于非洲南部、美洲和澳大利亚，少数产于亚洲和欧洲温带地区，我国有1种。本书介绍补骨脂 *C. corylifolium* (L.) Medik. 1种。

4.104 补骨脂 *Cullen corylifolium* (L.) Medik.

中文别名：破故纸。
拉丁异名：*Psoralea corylifolia*、*Lotodes corylifolium*、*Trifolium unifolium*、*Psoralea pattersoniae*、*Lotodes corylifolia*。

生活类型：一年生直立草本，高60～150厘米。

种子特征：椭圆形，深紫色或紫红色；果皮与种子不易分离；
扁；长约4.0毫米，宽约2.3毫米；千粒重17.8克。

国内分布：河北、山西、甘肃、安徽、江西、河南、广东、
广西、贵州、云南（西双版纳）、四川金沙江
河谷。

国外分布：印度、缅甸、斯里兰卡。

生　　境：山坡、溪边、田边。

经济价值：种子可入药，有补肾壮阳、补脾健胃之效。

0.5cm

2mm

苞护豆属　*Phylacium* Benn.

由古希腊语词φύλαξ（*phúlax*，意为"卫兵，哨兵"）加上指
小后缀 -ιov（-ion）构成，指本属的苞片巨大，宿存，具有保护花
和果实的作用。中文名"苞护豆属"亦据这一属名含义命名。

本属有2种，分布于印度、缅甸、泰国、老挝、马来西亚、菲
律宾等地；我国产1种。本书介绍苞护豆 *P. majus* Collett & Hemsl.
1种。

4.105　苞护豆　*Phylacium majus* Collett & Hemsl.

中文别名：苞茯豆。

生活类型：缠绕草本。

种子特征：近圆形，棕色或灰色；具黑色、褐色斑纹；径约
　　　　　　3.7毫米；千粒重18.6克。

国内分布：云南南部、广西西南部。

国外分布：缅甸、泰国、老挝。

生　　境：海拔220～900米的山地阳处、混交林或丛林中。

濒危等级：无危（LC）。

田菁属 *Sesbania* Scop.

　　在原始文献中，田菁属的学名拼写为*Sesban*，这一拼写始见于阿尔皮尼《论埃及植物书》（De plantis Aegypti liber，1592）。1777年斯科波利将该名改拼为*Sesbania*，加上了后缀-ia，并为后世植物学者沿用。

　　本属约有60种，分布于全世界热带至亚热带地区。我国有5种，1变种，其中2种系引进栽培；海南有2种。本属各种可作绿肥用，可作家畜、家禽的饲料。本书介绍刺田菁*S. bispinosa*（Jacq.）W. Wight 1种。

4.106 刺田菁　*Sesbania bispinosa*（Jacq.）W. Wight

中文别名：多刺田菁（《中国主要植物图说·豆科》）

拉丁异名：*Sesban aculeata、Sesbania aculeata、Coronilla aculeata、Aeschynomene bispinosa、Emerus sesban var. aculeata、Aeschynomene aculeate*。

生活类型：灌木状草本，高1～3米。

种子特征：近圆柱状，棕色或深绿色；有黑色斑纹；种脐圆形，在中部；长约3.0毫米，径约2.0毫米；千粒重8.2克。

国内分布：广东、广西、云南、四川（西南部）。

国外分布：伊朗、巴基斯坦、印度、斯里兰卡、中南半岛、马来半岛。

生　　境：山坡路边湿润处。

濒危等级：无危（LC）。

3mm   2mm   2mm

刺槐属 *Robinia* L.

　　林奈在原始文献中没有明确给出的词源，但显然将它用于纪念以Robin（罗班）为姓氏的人。据《韦氏词典》，所纪念者是法国本草学家让·罗班（Jean Robin，1550—1629），他是最早把本属植物引栽到欧洲的人。鉴于他的儿子韦斯帕西安·罗班（Vespasien Robin，1579—1662）也对刺槐属的引栽有贡献，也可认为林奈纪念的是罗班父子。

 蝶形花亚科 4

本属约有4种，分布于北美洲至中美洲。我国栽培2种，2变种。本书介绍刺槐 *R. pseudoacacia* L. 1种。

4.107 刺槐　*Robinia pseudoacacia* L.

中文别名：洋槐（《中国树木分类学》）、槐花、伞形洋槐、塔形洋槐、槐树。

拉丁异名：*Robinia pseudoacacia* var. *umbraculifera*、*Robinia pseudoacacia* var. *pyramidalis*、*Robinia pyramidalis*、*Robinia pseudoacacia* var. *inermis*。

生活类型：落叶乔木，高10～25米。

种子特征：近肾形，褐色或黑褐色；微具光泽，有时具斑纹；种脐圆形，偏于一端；长约5.0毫米，宽约3.0毫米；千粒重21.5克。

国内分布：各地广泛栽植。

国外分布：原产于美国东部，17世纪传入欧洲及非洲。

经济价值：可作防风林；木料用材；蜜源植物。

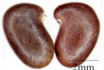

南海藤属　*Nanhaia* J. Compton & Schrire

本属有2种。产于中国南部、越南。本书介绍南海藤 *N. speciosa* (Champ. ex Benth.) J. Compton & Schrire 1种。

4.108 南海藤 *Nanhaia speciosa* (Champ. ex Benth.) J. Compton & Schrire

中文别名：美丽鸡血藤、山莲藕、牛大力藤（海南）、牛牯大力、美丽崖豆藤。

拉丁异名：*Millettia speciosa*、*Callerya speciosa*。

生活类型：藤本，长约3米。

种子特征：卵球形，黑棕色；表皮光滑，有光泽；径约0.9毫米。

国内分布：福建、湖南、广东、广西、贵州、云南、香港；海南各地常见。

国外分布：越南。

生　　境：海拔1 500米的灌丛、疏林和旷野。

经济价值：根可酿酒，可入药，有通经活络、补虚润肺和健脾功效。

1.0cm

夏藤属 *Wisteriopsis* J. Compton & Schrire

据原始文献，夏藤属的学名Wisteriopsis来自紫藤属学名*Wisteria*和词尾部分-opsis（意为"具有……样子的"），指本属与紫藤属形似而有所不同。

本属有5种。产于东亚、中南半岛。本书介绍网络夏藤*W. reticulata* (Benth.) J. Compton & Schrire 1种。

4.109 网络夏藤 *Wisteriopsis reticulata* (Benth.) J. Compton & Schrire

中文别名：昆明鸡血藤、鸡血藤、网络崖豆藤、网络鸡血藤。

拉丁异名：*Millettia reticulata*、*Callerya reticulata*、*Millettia cognata*。

生活类型：藤本。

种子特征：近圆形，红棕色；表皮有光泽，具斑纹；长约1.0厘米，宽约0.9厘米；千粒重221.0克。

国内分布：安徽、浙江、江西、湖南、湖北、四川、重庆、贵州、云南、福建、台湾、广东、广西、香港；海南儋州、白沙、昌江、东方、乐东、保亭、三亚。

国外分布：世界各地常有栽培。

经济价值：观赏植物；藤茎可药用；根可作杀虫剂。

岩黄芪属 *Hedysarum* L.

来自古希腊语词 ἡδύσαρον（hēdúsaron），该词含义不明，可能与 ἡδύς（hēdús，意为"甜"）有关。近代植物学界又用其拉丁语转写 hedysarum 称呼其他多种豆科植物，包括一些岩黄芪属植物；林奈据此在1753年将此名发表为岩黄芪属的学名。中文别名岩黄耆属。

本属约有200种，主要分布于北温带的欧洲、亚洲、北美和北非。我国已知有41种，主要分布于内陆干旱和高寒地区及中国喜马拉雅山地区。本属绝大多数植物为天然放牧场的重要豆科植物，重要饲料植物；有些植物的根作黄芪入药；重要的固沙植物；观赏植物；重要的蜜源植物。本书介绍锡金岩黄芪*H. sikkimense* Benth. ex Baker 1种。

4.110 锡金岩黄芪 *Hedysarum sikkimense* Benth. ex Baker

中文别名：乡城岩黄耆、坚硬岩黄耆、锡金岩黄耆。

拉丁异名：*Hedysarum sikkimense* var. *iangchengense*、*Hedysarum sikkimense* var. *rigidum*、*Hedysarum limprichtii*。

生活类型：多年生草本，高5～15厘米。

种子特征：圆肾形，黄褐色；长约2.0毫米，宽约1.5毫米；千粒重4.1克。

国内分布：四川乡城、西藏东部、东喜马拉雅山地区。

国外分布：印度。

生　　境：海拔3 600～4 000米的干燥阳坡的高山草甸和高寒草原、疏灌丛以及各种砂砾质干燥山坡。

濒危等级：无危（LC）。

黄芪属 *Astragalus* L.

来自古典拉丁语词astragalus，作为植物名称见于老普林尼《自然志》，据考证是本属的咖啡黄芪 *A. boeticus*。中文别名黄耆属。

本属有2 500 ～ 3 000种，产于美洲、非洲、欧洲、亚洲。我国有278种、2亚种、35变种、2变型，南北各省区均产，但主要分布于我国西藏（喜马拉雅山区）、亚洲中部和东北部等地。本属植物主要用于牲畜饲料，其次为药用和绿肥；有些种含生物碱或皂苷；有些种为水土保持和治沙的优良草种；还有少数种为有毒植物，也多为富集硒或碲的醉马植物。本书介绍地八角 *A. bhotanensis* Baker和紫云英 *A. sinicus* L. 2种。

4.111 地八角 *Astragalus bhotanensis* Baker

中文别名：不丹黄芪（《中国主要植物图说·豆科》）、土牛膝（陕北）、八角花、地皂角。

拉丁异名：*Astragalus montigenus*、*Astragalus hamulosus*、*Astragalus brachycephalus*、*Astragalus bhotanensis* var. *montigenus*、*Astragalus brachycephalus* var. *minor*。

生活类型：多年生草本。

种子特征：肾形，黄绿色或棕褐色；长约1.8毫米，宽约1.2毫米；千粒重1.4克。

国内分布：贵州、云南、西藏、四川、陕西、甘肃。

国外分布：不丹、印度。

生　　境：海拔600 ～ 2 800米的山坡、山沟、河漫滩、田边、阴湿处及灌丛下。

经济价值：全株药用，有清热解毒、利尿的功效。

濒危等级：无危（LC）。

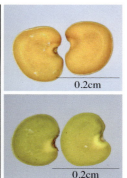

0.2cm

1mm

0.2cm

4.112 紫云英　*Astragalus sinicus* L.

中文别名：红花草籽、沙蒺藜、马苕子、米布袋草。

拉丁异名：*Astragalus nankotaizanensis*、*Astragalus nokoensis*、
Astragalus sinicus var. *macrocalyx*、*Astragalus lotoides*。

生活类型：二年生草本，匍匐，高10～30厘米。

种子特征：肾形，黄绿色、棕色或栗褐色；长约3.0毫米，宽
约1.8毫米；千粒重3.0克。

国内分布：长江流域各省区栽培。

生　　境：海拔400～3 000米的山坡、溪边及潮湿处。

经济价值：重要的绿肥作物和牲畜饲料；嫩梢供蔬食。

3mm

0.3cm   0.3cm   0.2cm

山羊豆属 *Galega* L.

由近代植物学界命名。据《韦氏词典》，它来自山羊豆（*G. officinalis*）的中世纪拉丁语名（herba）*Gallica*（意为"高卢[药]草"），中间可能经过了意大利语的音变。该名后由林奈在1753年正式发表。

本属有8种，分布于欧洲南部、西南亚和东非热带山地。我国有1种，常见栽培。本书介绍东方山羊豆*G. orientalis* Lam. 1种。

4.113 东方山羊豆 *Galega orientalis* Lam.

中文别名：高加索山羊豆。

拉丁异名：*Galega montana*。

生活类型：多年生草本，高可达2米。

种子特征：长肾形，黄绿色或黄棕色；长约4.0毫米，宽约1.7
毫米；千粒重5.9克。

国内分布：多地区引进种植。

4mm

2mm

2mm

国外分布：原产于欧洲与亚洲的分界线高加索亚高山地带，
在俄罗斯和哈萨克斯坦等地区均有栽种，并被引
进到加拿大和中欧一些国家。

经济价值：新型优质牧草。

苜蓿属 *Medicago* L.

来自古典拉丁语形容词Medica，本义为"米底（王国）的"，
名词化之后引申指来自该地区的优良牧草苜蓿（*Medicago sativa*）。
近代西方植物学家在Medica一词后加上后缀-ago构成*Medicago*
一词，用于指与苜蓿近缘的一些野生苜蓿属植物。林奈则用
*Medicago*直接作为苜蓿属的学名。中文名"苜蓿"来自模式种苜
蓿的中文名。

本属约有85种，分布于地中海区域、西南亚、中亚和非洲。
我国有13种，1变种。本属多为重要的饲料植物。本书介绍小苜蓿
M. minima (L.) Bartal.和南苜蓿*M. polymorpha* L. 2种。

4.114 小苜蓿 *Medicago minima* (L.) Bartal.

中文别名：野苜蓿。

拉丁异名：*Medicago polymorpha* var. *minima*。

生活类型：一年生草本，高5～30厘米。

2mm

0.13cm　　0.26cm　　0.14cm

种子特征：长肾形，绿棕色或棕色；长约2.3毫米，宽约1.2
毫米；千粒重1.0克。

国内分布：黄河流域及长江以北各省区。

国外分布：欧亚大陆、非洲、美洲。

生　　境：荒坡、沙地、河岸。

经济价值：重要栽培牧草。

4.115 南苜蓿 *Medicago polymorpha* L.

中文别名：金花菜（江苏、浙江）、黄花草子。

拉丁异名：*Medicago apiculata*、*Medicago denticulata*、
Medicago lappacea、*Medicago hispida*、*Medicago
nigra*、*Medicago hispida* var. *denticulata*、*Medicago
polymorpha* var. *hispida*、*Medicago polymorpha* var.
denticulata、*Medicago polymorpha* f. *apiculata*、
Medicago nigra var. *denticulata*、*Medicago nigra*
var. *apiculata*、*Medicago hispida* var. *apiculata*。

生活类型：一、二年生草本，高20～90厘米。

种子特征：长肾形，浅棕色或棕褐色；表皮平滑；长约2.5毫
米，宽1.2毫米；千粒重1.9克。

国内分布：长江流域以南各省区，以及陕西、甘肃、贵州、
云南。

国外分布：欧洲南部、西南亚，以及整个旧大陆、美洲、大
洋洲。

经济价值：重要栽培牧草。

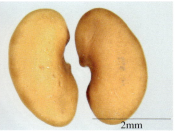

2mm   2mm

草木樨属 *Melilotus* （L.）Mill.

来自古典拉丁语词melilotus，本义即是草木樨属植物。

本属约有20种，分布于欧洲地中海区域、东欧和亚洲。我国有4种，1亚种。本属植物是优良的饲料和绿肥。本书介绍黄香草木樨*M. officinalis*（L.）Lam. 1种。

4.116 黄香草木樨 *Melilotus officinalis* （L.）Lam.

中文别名：草木犀（《释草小记》）、白香草木樨、辟汗草、黄花草木樨（《植物名实图考》）、黄香草木犀（《江苏植物名录》）。

拉丁异名：*Trifolium officinale*、*Brachylobus officinalis*、*Melilotus arvensis*。

1mm

0.1cm　　　　　　0.2cm　　　　　　0.1cm

生活类型：二年生草本，高40～100（～250）厘米。

种子特征：卵形，黄褐色或黄棕色；表皮有斑点纹；长约2.0毫米，宽1.0毫米；千粒重1.4克。

国内分布：东北、华南、西南各地。

国外分布：欧洲地中海东岸、中东、中亚、东亚。

生　　境：山坡、河岸、路旁、沙质草地及林缘。

经济价值：常见的牧草。

野豌豆属 *Vicia* L.

来自古典拉丁语词vicia，本义即是野豌豆属植物。该词为拉丁语固有词。

本属有200种以上，产于北半球温带至南美洲温带和东非。我国有43种，5变种，广布于全国各省区。本属植物可作优良牧草、早春蜜源植物、水土保持植物；有些种类嫩时可食；有些为民间草药。本书介绍广布野豌豆 *V. cracca* L.、野豌豆 *V. sepium* L.、四籽野豌豆 *V. tetrasperma* (L.) Schreb.和歪头菜 *V. unijuga* A. Br. 4种。

4.117 广布野豌豆　*Vicia cracca* L.

中文别名：草藤（《植物学大辞典》）、落豆秧（东北）、灰野豌豆、多花野碗豆。

拉丁异名：*Vicia cracca* var. *canescens*、*Vicia hiteropus*、*Vicia cracca* f. *canescens*、*Ervum cracca*、*Vicia cracca* subsp. *heteropus*、*Vicia cracca* var. *japonica*。

生活类型：多年生草本，高40～150厘米。

种子特征：扁圆球形，黑褐色；具斑纹；种脐长相当于种子周长的1/3；直径约0.3厘米；千粒重20.4克。

国内分布：各省区。

国外分布：欧亚、北美。

生　　境：草甸、林缘、山坡、河滩草地及灌丛。

经济价值：嫩时为牛羊等牲畜喜食饲料；水土保持植物；绿肥植物；花期早春为蜜源植物。

濒危等级：无危（LC）。

2mm

0.1cm

4.118 野豌豆　*Vicia sepium* L.

中文别名：滇野豌豆（《云南种子植物名录》）、黑荚巢菜、大巢菜、肥田菜。

拉丁异名：*Vicioides sepium*。

生活类型：多年生草本，高30～100厘米。

种子特征：扁圆球形，棕色或褐色；成熟后表皮具斑纹；种脐长相当于种子圆周的2/3；直径约0.3厘米；千粒重15.8克。

国内分布：西北、西南各省区。

国外分布：俄罗斯、朝鲜、日本。

生　　境：海拔1 000～2 200米的山坡、林缘草丛。

经济价值：牧草；蔬菜；种子含油；叶及花果可药用，有清热、消炎解毒之效；观赏花卉。

2mm

3mm

2mm

4.119 四籽野豌豆 *Vicia tetrasperma* (L.) Schreb.

中文别名：丝翘翘（《云南种子植物名录》）、四籽草藤（《秦岭植物志》）、苕子、野扁豆、野苕子（陕西）、小乔莱（浙江）、三齿野豌豆。

拉丁异名：*Ervum tetraspermum*。

生活类型：一年生缠绕草本，高20～60厘米。

种子特征：扁圆形，红棕色或褐色；种脐白色，长相当于种子周长的1/4；直径约0.3厘米；千粒重3.9克。

国内分布：陕西、甘肃、新疆、华东、华中、西南。

国外分布：欧洲、亚洲、北美、北非。

生　　境：海拔50～1 950米的山谷、草地阳坡。

经济价值：优良牧草；全草药用，有平胃、明目之功效。

濒危等级：无危（LC）。

3mm

0.2cm

4.120 歪头菜 *Vicia unijuga* A. Br.

中文别名：三叶（《中国主要植物图说·豆科》）、豆苗菜（河南、山东）、山豌豆（山西）、鲜豆苗（山东）、偏头草（青海）、豆叶菜（江西）、两叶豆苗、草豆。

拉丁异名：*Vicia unijuga* var. *unijuga* f. *albiflora*、*Vicia bifolia*、*Lathyrus messerschmidii*、*Vicia lathyroides*、*Orobus lathyroides*、*Ervum unijugum*、*Vicia unijuga* f. *albiflora*、*Vicia unijuga* var. *breviramea*、*Vicia unijuga* var. *bracteata*、*Vicia unijuga* var. *angustifolia*、*Vicia faurice* var. *unijuga*、*Vicia unijuga* f. *minor*、*Vicia unijuga* subsp. *minor*、*Vicia unijuga* var. *ciliata*、*Vicia unijuga* var. *ouensanensis*、*Vicia unijuga* var. *kaussanensis*、*Vicia unijuga* var. *integristipula*、*Vicia unijuga* var. *lobata*。

生活类型：多年生草本，高（15）40～100（～180）厘米。

种子特征：扁圆球形，棕色或黑褐色；具斑纹；革质；种脐长相当于种子周长的1/4；直径约0.3厘米；千粒重14.8克。

国内分布：东北、华北、华东、西南。

国外分布：朝鲜、日本、蒙古及俄罗斯西伯利亚地区。

生　　境：低海拔至4 000米的山地、林缘、草地、沟边及灌丛。

经济价值：优良牧草；嫩时可为蔬菜；全草药用，有补虚、调肝、理气、止痛等功效。

3mm

0.2cm